我想活得像个皮球一样

文长长 著

河北科学技术出版社
·石家庄·

图书在版编目（CIP）数据

我想活得像个皮球一样 / 文长长著. -- 石家庄：河北科学技术出版社，2023.6
　ISBN 978-7-5717-1481-9

Ⅰ.①我… Ⅱ.①文… Ⅲ.①人生哲学－通俗读物 Ⅳ.①B821-49

中国国家版本馆CIP数据核字（2023）第057571号

我想活得像个皮球一样
WO XIANG HUO DE XIANG GE PIQIU YIYANG

文长长　著

出版发行	河北科学技术出版社
地　　址	石家庄市友谊北大街330号（邮编：050061）
印　　刷	三河市兴达印务有限公司
经　　销	新华书店
开　　本	880mm×1230mm　1/32
印　　张	8.75
字　　数	150千字
版　　次	2023年6月第1版
印　　次	2023年6月第1次印刷
定　　价	49.80元

目录 CONTENTS

Part 1
每天演好一个有趣的人

每天演好一个有趣的人　　2

从安全感匮乏到内心强大：
3年我如何反脆弱　　15

有哪些可以坚持一生的小习惯？　　23

没错，长大是一件扫兴的事情　　31

总有处境比我们更糟糕的人，
比我们拥有更好的未来　　42

万事开头难，中间难，结尾也难　　51

Part 2
特别有意思,搞笑又心酸

二十岁出头做什么可在5年后受益匪浅?	60
空闲时间可以培养什么兴趣?	70
如何认识到自己的不足?	79
如何说服父母支持自己的决定?	86
如何学会发现事物的隐藏价值?	94
如何拥有"做什么,成什么"的好运气?	100
有哪些好的解压方式?	110

Part 3
没错,爱情就是两个精神病互相治愈

谈恋爱的,谁还没点毛病	118
成熟的情侣应该是什么样的?	124
你所谓的平淡,其实是还没来得及理解的爱	133
为何谈恋爱前一定要问自己这几个问题?	141
相爱就是两个人互相治疗精神病	148

Part 4
小时候真傻,居然想快点长大

做更好的自己,争取更好的生活	158
不要害怕做出"不一样"的选择	167
两难的选择怎么选?	175
完了,生活不再眷顾我了	182
人生如戏,全靠演技	189
小时候真傻,居然想快点长大	198
做一个收放自如的成年人	206

Part 5
低谷中的蓄势反弹，反而会跳得更高

成长是突然醒悟，明白过去，心向未来	220
十个方法：彻底释放你的情绪	230
为什么感觉只有我的生活平淡且乏味？	240
当你特别敢，特别美	250
希望被大家喜欢不可耻	257
偶尔坚强，偶尔也会脆弱	266

Part 1
每天演好一个有趣的人

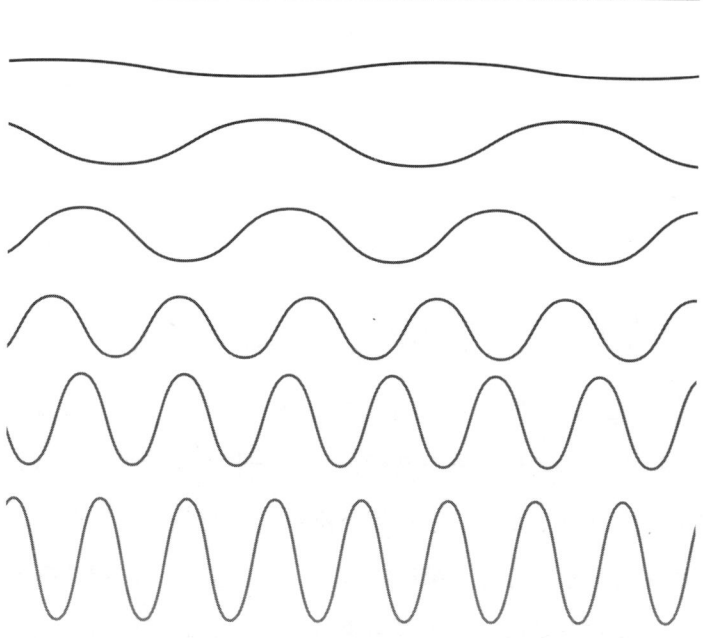

◆ 每天演好一个有趣的人

01

说句很丧气的话,每隔一段时间,我都会觉得生活很无聊。每日做着差不多一样的事,起床,运动,处理工作,吃饭,学习,写作,刷刷手机,睡觉。日复一日,日日如是。没有大起大落,也很少有那种能让我为之兴奋的事情,日子平淡得很。

我不知旁人如何看待这种平淡的生活,但身在其中的我,每隔一段时间都会发自内心地觉得这种生活真无趣。那种感觉就像是在吃自助餐,吃得差不多的时候,明明肚子已经吃不下东西了,但停下不吃又怕吃亏了,只能一个劲往嘴巴里塞食物,那时的我们已经感受不到食物的味道了,也不会觉得当下食物有多好吃,全凭着那股习惯往嘴巴里拼命塞食物。此刻不管餐桌上出现任何食物，于我们而言，都很无味。

那份平淡但无趣的生活就像我们吃饱后，自助餐桌子上依旧不断上新的食物。不管食物看起来多么好，也不管当下生活看起来多么平静，于我而言，总感觉少了点意思。

我知道这么说很矫情，毕竟，我跟身边熟识的朋友聊起这份无味和寡淡时，对方也只平淡回一句："这不就是生活吗，生活哪有那么多的新鲜有趣，也不可能每天都发生让你精神抖擞的新鲜事，生活的本质就是平淡。"

道理我都懂，我也知平淡和无趣才是生活的常态。但偶尔的偶尔，我就是不想成为那种很识大体，很懂生活的大道理，而后按照生活要求去活得很识趣的大人。我没办法去成为那种能忍受漫长生活的无趣的人。

我是一个有一点点理想主义的人，我学不会去欣然接受生活给予的一切，我大多时候也学不会"知足常乐"。我很挑剔，也很难搞，若生活给予的并非我内心想要的，我会排斥、会厌恶，我会觉得生活太小气，它还没把那些更好的给我。我从来不会去怀疑这世上到底存不存在我想要的那种

"有趣"的人生，我始终觉得，这世上肯定有那么一个地方，有那么一个时刻，我能过上我想要的"有趣"人生。

02

为了获得这份"有趣"人生，我做了很多努力。

在那些特别"无趣"的日子里，我给自己找了一件"有趣"的事做。拿出一张纸，把此刻身边所有我钦佩、好奇，抑或单纯就是想要了解一下的人的名单列出来，而后主动跟她们发出一起吃顿饭的邀约。我想从她们身上获得一些生活的能量。

那段日子，我几乎每周都会约一个认识但之前没机会深入了解的朋友吃一顿饭。她们中有第一学历是专科，但靠着努力考上985的研究生；有家境优渥、长得漂亮、学历也高的女孩；有恋爱长跑成功、生活顺利、经常在朋友圈秀恩爱的女孩；有体制内的女孩；有目前在高校任教职的姐姐，有大厂职员；有健身女孩；有专心学术但也被学术虐得遍体鳞伤的延期毕业女博士……

考上985研究生的女孩跟我说:"人生没有一蹴而就,很多事情都不是一步到位就能做好的,边走边看边努力才是正常操作。不必着急,因为急也没用。我们能做的就是在这一过程中,时刻相信自己,相信自己的努力,相信自己做的每一决定,并享受其中。"

那个别人夸她好看,她能大大方方回一句"谢谢"的家境优渥的女孩说:"身边很多人不喜欢我,认为我太张扬。但我觉得,我们有些时候就该把野心和欲望写在脸上,就该主动去争取。毕竟很多时候,你不去自己争取、不去让别人看到,别人怎么知道你是否想要,又该如何去帮你。我也知道选择这般张扬活着肯定有人会讨厌,但别人讨厌与否于我何关。公主从来不会在意别人说什么,她只会在意自己的裙摆有没有脏。"

那个经常在朋友圈晒恩爱的女孩坦诚地跟我分享她从未在朋友圈展示过的感情。在那部分感情里,有争吵,有分歧,有很多矛盾,有所有感情都会面对的那些"不一致"时刻。但她是个很聪明的女人,她总能平稳地应对那些"不一致"的时刻。我问她:"在一段关系中,有没有过不安时刻,毕竟女性在婚姻中承担的风险更大一些。"她浅浅一笑,说了句:"我不怕失去,因为我自己很独立、也很优秀,如果他好好对我,我会让他拥有别人羡慕的好婚姻,老婆、孩子、热炕头一样不少;但如若他负了我,我会让他什么都没有。他是个聪明的成年人,想要怎样的生活,他自己选。"

那个在基层任职的体制内女孩说:"即便一时半会儿没办法改变我的工作环境,但这也不妨碍我快乐生活,工作日好好工作,好好攒钱,假期就周边城市游玩一番,怎么开心怎么过。"

在高校任职的那个姐姐,她并未像旁人那般告诉我生活的本质是平淡,劝我去接受。认真聊完一番,她认真对我说了两句话。一句是,人生如戏,全靠演技。我们在不同人面前会有不同面孔,在领导面前是一副模样,在家人面前又是另一副模样,在独处时又有一副样子,这都是很正常的。我们要做的便是在合适的时刻,展示自己合适的一面,不要把某一张面具戴久了,该严肃时严肃,该放松时就撒欢儿去玩。另一句就是,顺势而为。成人世界有很多规矩,有些能改变,有些改变不了。能改变时,就去改变;改变不了时,就去遵循这部分规则。强硬很重要,但必要时选择"妥协"也是一种智慧。不在不可改变之事上过多纠结,节约自己的精力与情绪,投入到值得做的事上。

那个大厂职员说,压力大是真的,但在希望自己和生活能更好的这份渴望面前,好像再大的压力和焦虑都能接受了。那个健身女孩说,她不喜欢那种"白幼瘦"的身材,她希望自己的身体是有力量的,不一定要非常瘦,也不一定要身材非常完美。

那个延期毕业的女博士说:"很长一段时间,我总跟自己说'等我博士毕业了,我就要去做什么什么',好似只有博士毕业了,我才配得到快乐。但我现在觉得,幸福不应该是为了等待被兑现的奖券,快乐也并不是只有我在达成某个成就后才配得到。我不想再等了,也许我还有好几百天才能博士毕业,但这几百天我依旧可以过得很快乐,我依旧想要过得幸福。"

03

以上提到的每一个人，在人群中都是很闪耀、很有个性的存在。她们身上有股很顽强的生命力，所以尚未深入跟她们接触时，我总觉着她们生活里肯定充满斗志。

一顿饭，两三个小时下来，把她们人生B面中的不堪、狼狈、眼泪以及很多摔倒但又自己站起来的过程摊开来说。有那么几个瞬间，我突然明白，那些我们眼中看起来野心勃勃、充满生命力且很有趣的人，她们内心也曾有过很多荒芜时刻。之所以能继续活成旁人眼中"有趣"模样，也只是因为生活也有坎坷和不如意，但她们从没放弃过去成为一个"有趣"的人，去快乐地生活下去。

"有趣"这一美好品质，并非与生俱来的。能否让我们自己拥有"有趣"的人生，以及是否要去成为一个"有趣"的人，这些都是我们后天自己选择的。

在跟她们吃完那一顿顿饭，完成一段段对话后，我慢慢也找到了和日复一日"寡淡"生活相处的方法：纵使世事繁杂，纵使生活有很多不由己的时刻，纵使生活百分之八十五都是平淡和无趣的，但我依旧想要成为一个"有趣"的人，并为之努力。

正如村上春树说的那句话，"正因为今天不想跑，所以才去跑"。不是生活充满有趣，我们顺其自然成为一个"有趣"的人。正因为生活充满了很多并不那么"有趣"的时刻，正因为"有趣"是一种很珍贵且稀有的品质，所以才更要成为一个"有趣"的人。

04

我开始试着去构建一套属于自己的"有趣生活"体系，也开始试着将自己培养成一个"有趣"的人。

我开始每天为自己做一件真正想要做的事，以提起自己对生活的兴趣。有段时间，我很向往简约、营养的早餐，于是便买来好看的餐盘、鲜牛奶以及咖啡，每日给自己搭配丰富且营养的早餐，再给自己做一杯拿铁。还把自己每日的早餐照片发在微博上，坚持打卡。想要的那份美好、有趣的仪

我想活得像个皮球一样

式感，我自己给。

面对因为太过于熟悉，觉得没多少新鲜感的生活，我试着给自己找点一直想做但又没做过的事，比如跳舞。我给零基础的自己报了一个舞蹈班，每日花上一个半小时的时间去学习跳舞。去让自己为不擅长跳舞这件事心碎，去为凭什么一起开始学一支舞蹈，有的学员怎么能上手这么快这件事而挫败，而后再为想办法让自己也能跳得好这件事去操心。尽管这一过程有痛苦与难过，但有趣本就是一种复杂情绪，要有推，也有拉，有成就感，也有挫败感，这些全部加在一起才算真正的有趣。至于我自己，在开始学习跳舞后，我从没觉得生活无聊过。

我开始尽可能让自己在面对生活时活泼些、轻松些。看到路边二十块钱一束的鲜花，会买一束带回家，认真修剪花枝，而后插进花瓶，给自己的生活增添一丝芬芳与美丽；认真感受季节的变迁，春天赏樱，夏天开开心心吹着空调吃西瓜，秋天就从认真变红的枫叶身上学习四季更迭的智慧，该绽放时绽放，该蛰伏时也能心甘情愿蛰伏，在下雪天吃炸鸡，也很快乐；除此之外，每日会花上半小时做一件让自己觉得开心的事。当我让自己每日快乐、轻松后,才发现了自己的那颗能感知生活有趣与否的内心,也在慢慢苏醒。也更愿意以一种活泼、轻松的态度对待身边人。

在面对工作和人生难搞的那部分,会尽量让自己更积极、乐观且厚脸皮些。我不再害怕工作做不好而挨骂,该工作时认真工作,工作做得不好挨骂也厚着脸皮受着,不去怀疑自己,也不妄自菲薄,坦然面对所有事情。一次做不好,那就两次、三次,直至做到满意为止。我也不再因为工作繁杂、压力大这些事去抱怨生活了,如今我奉行着"周一到周五认真工作,周六周日怎么丰富多彩怎么来"的双生活模式。工作时就切换工作模式,勤恳踏实,休息之余,我是怎么过的谁都别管。

怎么快乐就怎么来。

05

我以前以为成为一个"有趣"的人,需要口吐金句的才

我想活得像个皮球一样

华,需要很会做饭或是很会生活的能力。很长一段时间,我总觉得虽然有很多想法,但除了在文字里表达,压根不愿意跟身边人展示出这些想法,显然这个很闷的我,跟"有趣"也压根搭不上任何关系。

但在我做了一系列成功取悦自己的事之后,我突然发现成为一个有趣的人,不难,只需对生活时刻"有心""用心"。它需要我们对生活有热爱,愿意一次次去重新爱上生活,尽管生活总时不时地虐一虐我们;它需要我们清楚自己想要,且愿意为那份想要去豁出去,去争取,去拥有;它需要我们有足够的勇气去一次次去迎接生活带来的新变化,并为了更好的应对这种变化去不断打磨自己的技能,去锻炼自己的心态。

成为一个有趣的人,只需我们时刻把自己放在首位,去感知自己想要什么,去做那件能取悦自己的事,去吸引自己,去热爱自己。

Part 1
每天演好一个有趣的人

06

在已过的三分之一人生里,我做过的很多事,都是为了别人。比如让自己掌握说话之术,学会如何让别人喜欢我、欣赏我,学会如何被领导赏识、认可,以及在人间谋生的技能。我承认,我做这些事时,都是为了取悦他人、讨好他人,为了让他人更喜欢我,而后让我有更顺遂的职场和人生。

但这一次,在努力成为一个有趣的人这件事上,我只为了我自己。

每天做一件有趣的事,是为了让自己开心,让自己感受到当下生活的美好与乐趣;努力让自己拥有"乐在其中"的有趣心态,不是为了取悦老板,也不是为了取悦身边人,更不是为生活、工作所逼,只是希望在偶尔有些许烦恼的生活中,我们自己能厚着脸皮快乐下去;凡事往好处想,即便遇到困难也能自嘲一句"这下变好玩了"的有趣生活态度,也只是我们希望自己永远有勇气、有魄力、有底气去应对生活的变化,且把一切当作闯关游戏,又何须害怕呢。

每天努力演好一个有趣的人,有趣地过一生,只是为了我们自己。

为了让我们能快乐且充实地度过我们人生里的每一天。

为了让我们不再寄托旁人去让我们的生活多点趣味,我们的快乐,我们自己给。

◆ 从安全感匮乏到内心强大：
3年我如何反脆弱

01

三年前，我有过一段独居生活。

那时我刚大学毕业，孤身一人在深圳讨生活，关系好的朋友都在其他城市。刚毕业的年轻人总是有那么高的心气，不喜社交，总觉得走出校园后，就很难再碰到真正可以交心的朋友，遂一头扎进事业。晚上十点下班回到家，还要打开电脑写作，大多时候是凌晨三点睡，八点起来上班。

那个时候，每天被焦虑裹挟着，没太多精力也没太多心思去打扮自己，更没有要好好生活的意识，每次觉得焦虑、难过的时候，就大口往嘴里塞那种很容易长胖的食物，也不去控制体重。

大半年下来，整个人脸色极差，黑眼圈重得都遮不掉，还胖了十斤。最关键的是，那段时间我整个人很沮丧，每天都觉得自己很不开心，也很难因为某件事再开心起来，内心充满着负能量。我感觉自己曾经的那颗向往美好的内心，在慢慢枯萎，感受不到生活的美好，甚至很多时候都放弃去追寻生活的美好。

在我印象中，那段独居生活过得很糟糕。离开深圳后，很长一段时间内我都不愿跟人讲这段独居生活，潜意识里觉得老娘好歹在外面也是"有头有脸"的畅销书作者，好歹也是光鲜亮丽的都市女青年，怎么能让别人知道自己曾经这么狼狈呢。

当时是真觉得提起这段失败的独居生活很丢人。

02

这几年，我慢慢学会了如何与自己相处，如何与生活相处，用现在的眼光去审视三年前的那段独居生活，已经不会自怜地觉得自己当时的处境有多惨,更多是觉得自己的生活态度不对,是自己把那段独居生活搞得那么狼狈。

回想三年前,那会儿的我其实也尝试过好好去生活:

碰到热门好看的电影,即使是一个人也会买上爆米花和可乐去看;遇到想看的演出,即使要转好几趟地铁也能一个人去看;发现好吃的食物,即使一个人骑着共享单车来回奔波八九公里也不嫌远,吃完回家前还不忘打包一盒周黑鸭回家;虽然在这座城市没有特别亲密的朋友,但时不时总有好朋友从异地来深圳找我玩;和姐姐一起去爬南山,还特意在山顶的小卖部买了根菠萝形状的冰棍……

你看,在那段看似糟糕的日子里,其实我也在努力做一些取悦自己的事,只是当时的我没意识到这些快乐。这是人性的通病,身处情景之中,总觉得当下的生活很难过,等过上几年,跳脱出这个情景后再回看那段你觉得很不堪回首的日子,就会发现回忆里只剩下那些让你开心的过往,而那些让你觉得痛苦的回忆,早已被时间消逝。

独处时不开心的根源不是我做的事情不是自己真正想做的,而是我的心态出了问题,总觉得当时的生活不是我想要

我想活得像个皮球一样

的，总以为我想要的生活在别处，甚至潜意识里觉得当时生活的城市不适合我。

我总觉得能让我快乐的东西在别处，压根没真正接受当时的生活，没有接受当时的一切安排，也没接受"我们这辈子很难真正过上我们羡慕的生活"这个事实，也还不太明白"所谓理想的生活，永远都是别人正在过的生活"这个人生真相。

总以为最好的风景在别处，这也是当代很多都市青年不快乐的根本原因。

独处时，如何取悦自己？

调整心态，接受自己当下一个人的事实，接受当下生活的现实，在此基础上发自内心地去热爱、去享受一个人生活的状态，去做你真正想做或是你曾羡慕别人做过的事。

若你当下还是觉得很难开心，也依旧要努力去做能充实自己的事，几年后再回想这段日子，相信未来的你也会为现在发生的事情而开心。

Part 1
每天演好一个有趣的人

03

我时常在想，若我能带着如今的心态重新回到三年前的独居生活，或者说再来上一段独处时光，我相信我一定能把生活、工作都经营得更快乐一点。

虽独身在偌大的城市里，以前熟悉的朋友都不在身边，但也不会再过分自怜。

每天规律生活，虽然需要早起上班，但依旧会认真收拾一番自己，穿着喜欢的衣服出门，毕竟打扮自己主要还是为了自己开心。挤地铁的时候会戴上耳机，订阅一些不错的线上课程，听听别人讲哲学、商业、自我提升，从别人身上吸取积极的能量。依旧会在公司楼下买一份喜欢的早餐，有时是手抓饼，有时是凉面，有时豆浆配馒头，几块钱的早餐能买来一上午的快乐。

午饭的时候，可以跟相处不错的同事一起去吃饭，若实在没人相伴，那就提前点一份自己喜欢吃的外卖，或者干脆自己去外面觅食。

晚上如果下班早的话，也不会再像三年前那样狼吞虎咽

我想活得像个皮球一样

地吃一堆让人长胖的食物，而是会在回家路上的超市里买点菜，简单给自己做点吃的，食物不需要多高级、多复杂，简单、健康、能填饱肚子就行。

三年前的我会觉得下班回到家已经很辛苦了，只想瘫在床上吹空调，再也不愿意费力气做饭，而且吃完还得洗碗，太累了。现在的我会觉得自己当时的想法虽合理，但也稚嫩。现在的很多都市青年总感觉自己很焦虑，其中很重要的一个原因是没有融入生活，没有去感受美好的人间烟火。

虽然努力和艰辛是人生常态，但不妨在闲暇时花费一些时间思考一下，为自己做一顿可口的饭菜，把喜欢的食物装在喜欢的碗里，靠自己双手填饱肚子的这份满足感会带来很多踏实感，这份体验不仅可以缓解一部分焦虑，还可以让你更心甘情愿地吃下生活的苦。

周末的时候可以睡到自然醒，可以收拾一下房间，可以找一部想看的电影，或者一本想看的书，也可以干一些自己喜欢的其他事情。哪怕一个人也可以去逛逛商场、看话剧，也可以去城市的各个角落打卡，总之走出去，去看、去经历、去认真地过好每一天。

哪怕一个人,也是可以把自己的生活过得开心且充实。

04

对于二十出头刚步入社会的"打工人"来说,一时做不到这些也不必着急,给自己点时间。

这几年在我姐和姐夫的耳濡目染下才明白如何取悦自己,我以前是不知道如何取悦自己的,甚至压根不知道"取悦自己"这个技能也是需要学习的,还一直以为让自己开心这个本领是我们天生自带的。

姐夫是一个特别会生活的人,空闲时会做蛋糕、比萨以及各种面食,还会潜水,时不时带我们去海边玩一下。

我姐也特别热爱生活,虽然平时工作和生活的压力很大,但休息时,她会下厨做彩色蔬菜面、清蒸鱼给大家吃,还教过我怎么做清蒸鱼。即便工作很辛苦,但她从不会把这份压力带到生活里,而且她尽可能地把工作和生活分开,工作时好好工作,休息时就开开心心生活。

我想活得像个皮球一样

我以前觉得跟姐姐、姐夫他们在一起很快乐,是因为他们是相处很舒服的人,是我们之间很投缘。现在则认为,我们感受到的这份快乐,其实是姐姐、姐夫他们努力传递的结果。

因为我见过他们后来笨拙的学做新的料理的样子,但那些笨拙大多数人是看不到的,大家只能看到他们的擅长和熟练。

我们眼中很厉害的能把自己照顾得很好的人,也在一点点学习如何取悦自己,如何让自己过得更开心。

独居生活也是如此,不要被动地待在角落等快乐来找你,要主动去寻找让自己充实、快乐的方法,这才是悦己的根本方法。

◆ 有哪些可以坚持一生的小习惯？

村上春树在《我的职业是小说家》中写过一句话："因为我相信，凭时间赢来的东西，时间肯定会为之作证。而且世上也有一些东西，唯独时间才能证明。"

有些事看似很小，但若长久坚持，三年，五年，十年后，这件"小"事也会成为改变我们人生的"大"事。

时间的力量远比我们想象的要强大。

想要拥有美好人生，并不总是需要我们做多么宏大的事，养成一些好的小习惯，把它坚持下来足矣。

01

每天坚持阅读一小时。

我想活得像个皮球一样

董卿是"腹有诗书气自华"的气质女子代表,无论是主持春晚还是主持《中国诗词大会》,她总能在恰当的时间恰当的地点说出恰当的话,让人称叹,董卿知性、优雅,是很多女性想要成为的样子。

在一次采访中董卿说:"假如我几天不读书,会感觉像几天不洗澡那样难受。"她把自己现在的一切都归功于长期养成的读书习惯。

坚持阅读是投资成本最小,但长期收益最大的一件事。

每天将自己睡前刷视频、看剧、追热点的一小时换成读书,既能充实精神,增长见识,还能丰富知识,提升技能,改变气质。

02

每天坚持运动一小时。

二十岁左右的年纪还可以靠高速的新陈代谢来抵抗赘肉,二十五岁之后,新陈代谢下降,若再失了自律,管不住嘴，又迈不开腿，体重是很容易走上坡路的。

所以我们总说，那些在三十岁以后还能拥有好身材的人都是值得钦佩的。

三十岁之后，若想保持那种又美又飒的模样，需要且一定要做到两个字：运动。

每天坚持运动一小时，或跑步，或瑜伽，或"撸铁"，或坚持每天走路5公里，是很有必要的。

短期看，运动的效果好似不那么明显，但往长远了看，三年、五年、十年后，再见同龄人，运动的人和不运动的人的精气神是明显不同的。

坚持运动不仅会给我们一个好看的外表，而且我们在通过运动塑造自己的过程中，还可以清楚地看到自己的能量。

世事多变化，但我们也有些能自己掌控的东西。

03

睡前将第二天的衣物准备好。

每天早晨的心情，在某种程度上影响着我们接下来一天的心情。

若早上起床后还要纠结今天要穿什么，要翻箱倒柜地找衣物，到处找不知丢在哪里的另一只袜子，最后赶着时间随便套身衣裳出门。

有些烦闷的确可以避免，每晚睡前十分钟查看天气预报，准备好第二天要穿的衣服，收拾好早上出门要带的资料、物品，放在显眼的地方。

这些都是小事，但能为第二天早上预留一个更轻松、更美好的早晨。

04

每天睡前把第二天要做的事写进备忘录。

越来越喜欢在前一天的晚上做好第二天的清单。

打开备忘录，写上第二天必须要做的事：阅读一小时；写完一篇文章；完成某项重要的工作，并提交；了解合作方相关事项，跟进某个项目；看一部电影；去图书馆借一本书；参加一个会议；跟好友吃一顿饭等。

看似只是简单的写下第二天的生活计划，但每日的清单会告诉我们目前要做的最重要的事是什么，进而帮助我们提高工作效率和生活质量。让我们清楚地知道自己每一分钟都花在哪。也许以后我们的记忆会遗忘一些事情，但我们之前很多个夜晚写下的清单会清晰地帮我们记住，我们曾经去哪吃过饭，看过什么电影，读过什么书，见过什么人，做过哪些事。

甚至在未来很多个绝望、难过时刻，只要翻翻清单上我们曾经做过的事情，感受过去自己的那份努力和勇敢，也会给现在的自己一丝力量。

05

每天复盘，反思一天的收获与得失。

每晚睡觉前思考一下今天做了什么事，想做但又没做的事有哪些，想想自己哪件事处理得特别漂亮，哪件事处理得还不够好。

做正确的归因，弄清楚自己是因为什么没做好这些事，是没安排好时间，还是因为自己偷懒了，抑或是因为这些事做起来很难，需要投入更多的精力和时间。

每日坚持复盘，做得不够好的地方及时改正，优秀的地方继续保持。

长期坚持复盘与自省，每天进步一点点，变成更好的自己。

06

养成正确的坐姿。

心理学上有一个重要的名词叫"具身情绪"。

"具身情绪"的核心观点是：情绪的表达、感知、加工、理解等过程与身体有着密切的关系。

情绪和我们身体姿态也是息息相关的。

端正坐姿既能让我们的身体骨骼更健康，还能培养良好的仪态和优雅。与此同时，保持挺拔端正的坐姿也会给我们的情绪传递一股正向、积极的力量。

养成好的坐姿习惯既能让我们的身体更优雅，也能让我们情绪更快乐。

07

每天给自己打气一次。

很认可在微博上看到的一句话："悲观不需要天赋，人人都会。消极不需要努力，一停下来就会油然而生。积极，乐观，凡事往好处看，劲往不可能的可能之处使，从徒劳里熬出一点点成绩，这些才是需要努力和耐心的。"

生活中有很多让我们难过的事，稍不留意，我们的嘴角就会往下。

保持长久的积极向上，是一件很难的事。

但若是在沮丧时刻，有意提醒自己"要保持积极""要微笑""要打从心底开心，才不会老得太快""要保持开心，才不会形成苦瓜脸""加油,你是最棒的",虽只是简单的一句话,却能让自己补充一些积极的能量。

每天给自己打气,提醒自己要热爱生活,告诉自己生活还有很多小确幸值得期待,凡事多往好处想想,努力成为一个积极生活的人,宠辱不惊,心态平和,喜乐美好。

人生漫漫,我们要做的从来不是多么宏大的事情,而是把一件件小事做好并坚持下来。

生活里有很多小习惯也是如此,初看不起眼,但在日复一日的坚持下,在时间的作用下,这些小习惯会在潜移默化间改变我们的人生。

越坚持,越幸运。

◆ 没错，长大是一件扫兴的事情

01

不仅老师会"偏心"，生活也会。

原本不想说这些话，但作为一个迷茫过、犯错过、崩溃过、逃避过、失败过、水逆过，但也取得过一点小成就的过来人，如果非得写些人生小提示给正在成长的年轻人的话，那还是把这句话放在第一条吧。

年少时，我们总爱把"偏心"当成一个坏词，总觉得那个偏心的人真讨厌，坦白说，我曾也这样想过。但后来慢慢发现，生活本身就是偏心的，这样说倒不是让大家将"偏心"这种现象当成常态，只是长大后的我们不再敌视"偏心"这种现象，而是慢慢将对那个做出偏心行为的人或事的讨厌转变为：既然人生本是充满偏心的，那我就努力提升自己的价

我想活得像个皮球一样

值,让自己够分量、够资格地站到被偏心的那一方。

既然没办法改变"偏心"这个游戏规则,那我就让自己厉害到没办法被忽略,让自己成为被偏心的那一个。

这就是人生,有好也有坏,有时你的坏恰好就是别人的好。想办法让自己也有资格去拥有那份好,比抱怨有用多了。

小孩子才会抱怨,成年人都会去"掠夺"。

02

落落大方是一种坦荡。

18岁时,我希望自己成为一个落落大方的女孩,能够不畏惧地应对任何场合,不轻易为一点小事或者为一个不重要的人拨动情绪。但事实上,18岁的我没办法做到落落大方,哪怕很多时刻我假装自己不害怕,假装自己不生气,假装自己不情绪化,可我依然没办法骗过我的内心"我还是不够大方,不够大格局"。

Part 1
每天演好一个有趣的人

我曾一度不知道那种举手投足透露出"老娘一点也不在意",敢大方说出自己的不快乐,也能打心底不介意很多琐碎事的女性是怎么练成的。一度为之困顿。

但此刻,我可以很骄傲地说:现在的我活成了自己18岁时想要的样子。在生活中,我能很酷,也能温柔,能独当一面,也能跟喜欢的人撒娇卖萌,最重要的是,在很多事情的处理上,我终于能做到落落大方了。

现在我才明白,落落大方是一种坦荡,是我在喜欢某个人或者某个东西的时候,可以直接告诉别人我此刻的喜欢,是在我觉得被冒犯而不开心时也不会勉强自己故作大度,而是跟对方说"你对我做的这件事,我不开心"。

落落大方是不在意很多事,是我知道生活里的琐碎事很多,扰心的事也很多,但我会适当地装糊涂,只把最饱满的精神和情绪留在自己真正在意的那一两件事上。

落落大方,并不是说你总能保持风轻云淡,而是在大多时刻能保持风轻云淡,在少数自己真正在意的事上,允许自己选择真心,允许自己可以不那么体面,允许自己示弱,允许让别人看到自己的胜负欲。

03

没有人会真的理解你。

年少时，我很喜欢廖一梅说的话："人这一生中，遇见爱，遇见性，都不稀罕，稀罕的是遇到了解。"那时，未经世事的我，最喜欢把这句话当作爱情和人生的圣经。

年轻女孩们总是爱信这个，总觉得这世上最浪漫的不是爱情本身，而是你爱的那个人总能懂你、理解你，总能在你需要的时候陪在你身旁，总能在你难过的时候一眼看出你的难过，总能时时刻刻地懂你、理解你。

这是一种绝对地、柏拉图式的理想关系。

待到长大后才明白，这世上没人会真正理解你，没人会总能懂你。

每个人对事情都有自己的主观看法、主观目的和主观做法，人们总是会爱自己多一些，也更愿意做出对自己更好的判断或选择，而不是去理解你。

你的领导不会在你搞砸一件事时去理解你，因为他需要的是能力强的工作人员，而不是拖他后腿还需要他照顾情

Part 1
每天演好一个有趣的人

绪的人,没人喜欢在工作中遇到事事需要被照顾、被理解的人。

你的朋友也不会总能时刻理解你,因为人性是忙碌且善妒的,没人有精力时刻关注你的感受,也没人真的希望自己的朋友比自己好太多,用"希望你好,但不希望你比我好"这句话形容友谊是再贴切不过的了,这就是人性。

你的父母也不会时刻理解你,他们常常局限于自己的认知角度,小时候他们希望你乖一点,读书时他们希望你聪明一点,毕业后他们希望你赚得多一点,到了合适的年龄,他们又希望你结婚、生子快一点,他们希望你按照他们预想的人生去走,像无数个别人家的孩子一样。他们不会想要理解你为什么不想结婚,他们大多时候也会忘记关心你累不累,他们也希望你能像别人家的小孩一样飞得再高一点。

说这种丧气的话,并不是说世上没人会对我们好,也不是想把人生说得这么薄凉,只是在进入成人社会后,早点学会不对别人抱有不切实际的期待,会减少很多伤心和难过。

他们有时很爱我们,他们有时会带给我们很多感动,但没有人是时时刻刻总是爱你的,也没人会一直给你带去感

我想活得像个皮球一样

动。带给你感动的那个人有时也会带给你难过，很爱你的那个人有时也会让你伤心。他们对你的关心是百分之百不掺水的，但带来的难过的时刻也是真的。这是人类社会美好奇妙但也很矛盾的地方。

所以，如果能碰到总能去理解你的人，那是你的幸运；如果没遇到，那也是人生。不要难过，也别失望。

04

你不会遇到童话故事里的白马王子。

少男少女们总是把爱情想象得过分美好，对自己的另一半的期望过高，要对方长得好看、性格好、对我好、懂我、百分之百宠我、永远把我放在第一位、时时刻刻想着我、生气了要先来哄我、不能让我难过、不能惹我生气……

但，我想说的是，成年人的爱情，得浪漫，但也得务实。

浪漫是我对这个人，对我们这段关系有美好的期待，希望我和他之间的爱情也能像我曾向往的那般甜蜜美好。

但我知道，我们彼此都并非绝对完美的人，我们身上肯定会有一些不完美或不够好的地方，我们可以试着理解甚至去接受对方身上可能会出现的一些不完美，也愿意跟对方一起努力磨合，找到一个让彼此都舒服的相处模式。毕竟，我们需要的不是一个绝对完美的爱人，我们想要的是那个既能陪我们一起努力往前冲，也是能在彼此感觉疲惫时让对方放心躺下休息片刻的温暖的"臂湾"。我们需要的是哪怕对方知道我们不够好，但依旧觉得这样的你也刚刚好的另一半。这是爱情里的务实。

你几乎不会遇到完美的另一半，况且，完美的另一半也并非一定适合你。不要过分迷恋童话故事里的白马王子，有时带着真心向你走来的骑士更能给你童话般的爱情故事。

05

人生没有白走的路，每一步都有用。

之前有一句很流行的话：努力不一定成功，成功一定需

我想活得像个皮球一样

要努力。

刚开始听到这句话的时候,觉得这就是人生的真实写照。有时即使你很努力地做一件事,收获的可能只是失落,但如果你要是想要收获"果实",那就一定得付出努力。人生的付出与收获,有时不一定成正比。

那几年,我在人生的果园里栽下了很多果树,有的果树叫爱情,有的果树叫事业,有的果树叫友谊,但在之前的某个时期,我一度以为那一棵棵果树都死掉了,觉得我当时的那些努力都白费了,但在五年后的今天,我却陆续收到我前几年在人生这片果园里栽下的果树的果子。

我收获了又甜又大的爱情果实。就像我前不久跟我的男孩说的那句话:"我能非常确定的是,过去的我肯定没有现在的我好,如果我们早几年遇到,当时的我也未必能把握住这份爱情,现在的一切都是刚刚好的样子。"

如果早些时候认识他,当时矫情、爱作、还非常情绪化的我未必可以接住这份感情,也未必能活成他欣赏且自己也喜欢的模样:能独立,也能可爱。

他不在身边的时候,我能独当一面,可以成为很多人的

Part 1
每天演好一个有趣的人

知心大姐姐；跟他在一起的时候，也能依赖他，做他的小可爱。

我之所以能成为现在的我，也离不开曾经走过的弯路，那些成长路上的经历为难过我，但也在塑造着我。

不仅是感情，工作、友情、学习乃至人际相处都是如此，现在的我在这些领域不再生涩，慢慢变成了一个成熟的大人，这一切也离不开我曾经摔的跤、吃的亏和深夜里的一次次崩溃大哭。

我也是经历了一次次挫折后才明白：人生是长线游戏，不要计较一时得失，跌倒了还能站起来，能一直跑下去且不掉队就是赢家。

在一次次失败中明白：我并非想象中那么战无不胜，也会失败，也会碰壁，但是都没关系，我接受这样不完美的自己。而且既然知道自己不是天才型选手，那么在下一次任务开始的时候，就会再多用几分力。

在一次次难过、焦虑和崩溃中明白：人生这么短，如果一直让难过和崩溃这些负面情绪占据内心，该多么难受。所以我们一定要学会自洽地活着，要将工作和生活区分开，可以为工作心碎和流泪，但工作结束后，哪怕只有一两个小时留给生活，在这一两个小时里也要尽情地玩。

有读者说，他对我写的东西很有共鸣，感觉像是在写他的真实生活。原因也很简单，因为你们困顿、跌倒、沮丧、迷路的那些瞬间，我也曾经历过，但幸运的是，我最后走了出来。

我的很多人生哲学都是从真实生活中学到的。

所以不要再抱怨当下很难，也不要抱怨当下的自己努力没用，更不要觉得自己白走了一段路，白做了一件事。

人生从没有白走的路，生活不会辜负你的每一次努力和付出，如果还没等到"果实"，那也只能说明现在还未到收获的时机。

你得继续浇灌，得等待。

在成年人的森林世界里，有鲜花，有美丽且可口的糕点，有蜡烛西餐，有游乐园，有浪漫的瞬间，有光鲜亮丽的生活，有各种美好的东西，但也有很多让我们心碎的存在。

比如，生活有时是公平的，但有时又是偏心的，而且在你越是在意的事上，能感受到的生活的偏心就越明显。

Part 1
每天演好一个有趣的人

比如，你会被生活按在地上摩擦，你会感受到难以疏解的生活压力，你会感受到来自工作的焦虑，但哪怕你前一天动了一百次想离职的念头，在第二天早上闹钟响起的时候，你还是会乖乖爬起来。

人生有时很难，但我们还是要学着给自己寻找一些快乐。

◆ 总有处境比我们更糟糕的人，
  比我们拥有更好的未来

先说一下我近来的生活状态吧。

2月份的时候，在等一个对我来说很重要的结果，我虽没在任何公开场合讲过自己当时的焦虑，事实上差不多有大半个月时间，我焦虑紧张到失眠，但就算在这样的情况下，看书、写作、学习我一样也没丢。

3月份的最后十天，有一个很紧急的工作需要我在十天内整理出26万字的材料，不只是复制粘贴，还要把这些材料看一遍，有选择性地进行整理和总结。那段时间我每天都担心自己完成不了任务，每天都希望有个人能来帮我分担一下这项工作，甚至有找家中正在上初中和高中的小朋友帮忙整理的念头。那几天我每天睁开眼，脑子里想的都是今天还要整理多少材料，还好最后我如期完成了工作。

Part 1
每天演好一个有趣的人

4月是我新书交稿的时间,虽然书稿一直在写,字数也够了,但最后完整地把十几万字的稿子通读一遍的时候,才发现我这半年真的成长了很多,于是我有了很多新的想法,想替掉之前写的一些稿子,原因很简单:我觉得现在的自己可能会做得更好。这种感觉就像我们现在再回头看自己初中、高中的照片和作文,会觉得很稚嫩、很傻,不是过去的我们不好,而是现在的我们变得更好了。做出换稿决定的时候,我没有考虑因为这样做而加大的工作量,只是单纯的不想把不满意的作品交付出版。

包括这个5月,我在准备一件很重要的事情,每天大部分的时间都花在看书、查资料、做功课上,每天的状态是一边不敢松懈地往前跑,一边羡慕那些心里没太大压力,能安安心心躺在沙发上看电视剧的朋友。而且等这件事结束后,我还有两个很重要的任务待完成,这两件事都有量化的标准,都需要我走出自己的舒适圈,压力真的很大。

这就是我最近的状态,焦虑的时刻常有,压力很大。但相比较二十岁出头,遇到一点压力就情绪崩溃,恨不得让全天下人都知道自己天下第一辛苦的我来说,现在的我,

我想活得像个皮球一样

虽然依旧会感觉生活很难，但已经不会再去抱怨，反倒有点迷恋这种又忙又累但每天都在进步的日子，感觉这样的自己很充实。

所谓长大，长的从来不是年龄，而是我们对生活的态度。

生活总是艰难的，总有人难过，但也总有人快乐。那为什么快乐的人不是你呢。

01

学会给自己的生活设置奖励机制。

像写作等一些创意、科研类工作都需要高强度的脑力运转，脑力劳动需要糖分支持，所以从事消耗脑力工作的时候，可以准备一些糖，一是补充体力，二是吃糖会让人感到开心。也可以用一些鼓励自己的方法，答应自己完成某一项工作后，允许自己出去玩一趟，或者买一件自己想要的东西。

激励自己的唯一标准是：我乐意。

就拿我来讲，我喜欢吃一切有利于长胖的食物，薯条、炸鸡、比萨等，都是我的最爱，因为都是高热量食物，所以虽然我很喜欢吃，平时却很少碰。但如果有一段时间，我很忙且压力比较大的话，就会穿插吃一顿炸鸡、比萨，给自己的努力一点奖励。

有些快乐，吃真的能带给你。

所谓苦中作乐的含义就是，肉体上或者精神上压力大一点也没关系，主动给自己一个盼头，鼓励自己熬过去了就会有一件开心的事发生。接下来的日子里，因为期待那件开心的事，也不觉得苦了。

02

学会做自我心理建设。

这半年来，无论是准备26万字材料，压力大到想大哭一场；还是面对完全陌生的领域，被自己蠢哭的时候，我都没想过甩手不干。我耐着性子反复告诉自己的一句话：你所

我想活得像个皮球一样

做的这些事会锻造你，会打磨你，会让你变成一个更专业、更能担事的人。

在我的工作、学习、生活中，碰到过很多枯燥且乏味但必须要做的事，以前的我受不了这样枯燥的人生，觉得人生应该是每天充满新鲜、刺激和趣味的。但这两年的成长让我的想法变了，因为那些很难看懂但很有用的专业书都很枯燥；那些看起来很厉害的事，做起来都很难，背后更有无数个崩溃的日夜。

很多工作，只能靠自己完成；很多专业且有价值的技能，只能靠重复做那些看起来枯燥无趣的事来获得；厉害的人生，也是从做好一件小事开始的。

03

不要逃，去做让你觉得很难的那件事。

人生的苦有些是逃不了的，你在这个地方耍了个小聪明，少吃了点苦，在另一个地方就会加倍还给你。

Part 1
每天演好一个有趣的人

比如你觉得高考难，觉得你所备考的一项考试难，想糊弄过去，但是你可能会在以后相当长的一段时间内为自己一时的糊弄买单。

对于当下觉得很难做的事，最好的处理方法就是勇敢地迎上去，只有闯出去了，这件事对于你来说才会翻篇。

那如何快乐的度过这段奋力拼杀的日子呢？

充实。当你感觉自己每天在认真的努力，无论是背单词做试卷，还是处理工作，只要你将自己能做到都做好了，在困难被解决的时候，你就会感受到发自内心的快乐。

你不会觉得这段日子很苦，你只会明显地感受到自己的进步，时间久了，你会享受这种充实且努力的时光。

充实、努力且自律的人生是快乐的，就算当下压力很大，事情很烦琐，但一想到未来的明媚，还是会发自内心地感到快乐。

即使是以后的快乐，也可以是现在的快乐源泉。

04

越是苦的时候，越要提醒自己要快乐。

我是一个积极的悲观主义者。

这句话具体展开来说就是，在我人生稍得意的时候，我会稍微有点悲观地提醒自己：人生没那么一帆风顺，要留意，要低调，要谦逊的努力，小心翻车。

在我觉得"事事很辛苦"时，我反倒会给自己积极的心理暗示：生活不会永远在谷底，就像抛物线一样，如果你觉得路越走越难，那么恭喜你，你在左边曲线上，是在进步，会慢慢接近你的至高点。

在大家都积极地看一件事的时候，我会选择悲观、克制一点；在大家都消极对待一件事的时候，我会选择积极。这也是我看待很多事情的一个准则。

不把苦，当成苦；也不把快乐，只当成快乐。

所以，在我感到快乐的时候，为了能延续这个快乐，我会做一些看起来很辛苦的事，但此时的辛苦不会觉得苦；在我感到辛苦的时候，我会用积极态度看待这种辛苦，提醒自

Part 1
每天演好一个有趣的人

己越是不顺利的时候,越要开心一点,越要拥有积极的心态,积极的心态会带领我们去到想要去的地方。

在难过的时候,记得要努力让自己再快乐一点。这是人生的好运法则。

或许你没有让自己快乐的具体办法,但我们可以在困难的日子里多想一些以前的乐事。苦中作乐,有时不只是为了让我们快乐,更是为了让生活,让那些为难我们的事看看,我们是一个有韧性的人,不会被轻易打倒。

有时,我们的坚强勇敢和快乐是自己给的,它们从不是性格使然。

我最近突然悟到一个道理:我们身边总有一些人,可能现在的条件和拥有的机会比我们更少,可能现在的处境比我们更差,但他们始终保持自己的节奏,踏踏实实努力,开开心心生活,三年后,五年后,十年后,他们不会过得比我们差。

总有处境比我们差,比我们更糟糕的人,有比我们更好的未来。当然,如果我们身边暂时没有那样的人,那就让我们努力去成为这样一类人。

我想活得像个皮球一样

　　现在，我也慢慢成了一个长期主义者，开始不在意一时的得失，不在意现在的日子是辛苦一点，还是难过一点，只要我相信"我此刻所做的所有努力，是在让我未来变得再好一点"，我就能很开心地去努力。

　　我们都有资格选择这种苦中有甜的快乐。人生没我们想的那么糟，只要你好好工作，好好提升技能，好好挣钱，剩下的可以交给时间去回答，相信时间的力量。

　　我们的生活不是没有快乐，只是有些时候我们忘了去选择快乐。

◆ 万事开头难，中间难，结尾也难

年少时，看到优雅、娴静、睿智的成年人，内心多少有些羡慕，期待自己长大后也能如他们般自若。

很长一段时间内，我们羡慕他们，但却不知道如何成为他们。后来才知道成熟的人都有三个标志。

01 ～～～～～～～～～～～～～～～

学会狠心。

真正成熟的人，都懂得对自己下狠手。

之前跟一个创业朋友的聊天，期间谈到了他正在做的一件比较困难的事，我直言这件事做下来会很辛苦，朋友只是淡淡地回一句：不自虐，被人虐。

我想活得像个皮球一样

朋友也用行动践行着这句话,他大学毕业后在一家很不错的公司上班,工作了几年后觉得发展空间越来越小,于是果断离职创业。创业的过程很辛苦,所有的压力和风险都得自己承担责任,半年间,他看起来老了十岁。

问及他最难过的时候是怎么走过来的,朋友答:"脑中只一个念头,如果我不逼着自己再努力一点,我可能就会失去竞争力,就会失败,就会亏钱。反正无论是成,还是败,都会吃苦,都很辛苦,倒不如再进取一点,再逼自己一下,赢着吃苦总比吃着苦还输掉好。"

朋友问我有没有对自己下狠手的时候,我答:"也有。"

之前考研的时候,因是跨专业,所以压力很大,很多知识点常常背了很多遍却依旧会忘记。那段时间几乎每天都会哭一场,但哭归哭,还是不想认输。

压力最大的时候,我每天只睡四五个小时,常常是从凌晨两三点睡到早上七点起床,睡不够就靠咖啡硬撑,起初一杯黑咖就足够提神,后来两杯三杯才可以,一个知识点背一遍不够,那就两遍,三遍,四遍,不背下来坚决不睡觉。

那段时间真的很累,但为了完成自己每天定下的计划,硬是靠着"我不能输""我可以"的意志撑了下来。就这样，撑了大半年，等到了柳暗花明。

说这么多倒不是说熬夜好，只是每个成年人都会有那么几个握紧拳头不敢松手的时刻，只敢铆着劲往前冲，不敢停，也没法停。

对自己好一点很重要，但在必要关头，对自己严苛一点，下几次狠手，逼自己攀登曾经没办法到达的高峰，也很酷。

有时太爱自己，不舍得对自己下狠手，也不是一件好事。

真正的成年人都清楚，有些成绩得靠逼一逼自己才能实现。要爱自己，也要舍得用自己，要对自己好，也要能对自己下狠手。

学会狠心，学会果断，也很重要。

02

学会扛事。

认识的一个姐姐，活得美好且热烈。

••••
我想活得像个皮球一样

这个姐姐大学毕业时考研没考上，但男友考上了研究生，男友家里觉得姐姐配不上他们儿子，硬是逼着男生和她分手。姐姐不哭不闹，离开男友所在城市回到武汉继续"二战"。"二战"成功后，一路读到了博士。

前男友在得知这个姐姐考上了研究生，且把生活过得丰富多彩后很后悔，专程来武汉看姐姐求复合，姐姐很干脆直接地拒绝了他，特酷。

博士毕业那年，姐姐怀孕了，一边是繁杂难写的博士毕业论文，一边是在肚子里每天长大一点的孩子，处境挺难的。但姐姐和先生都没乱，依旧认真学习，只是在认真学习的同时也认真照顾着肚子里的宝宝。孩子1月份出生，6月份姐姐拿到博士学位。哪怕博士毕业很难，她也如期毕业，还完成了一件人生大事——生娃。

姐姐博士毕业后在高校工作，初入职场有诸般不适应，白天要上课，晚上要照顾孩子，孩子睡后还要备课，要学习，要写论文、发论文，但从没见她抱怨半句辛苦和自怜，在默默努力、向上生活的同时，还把这种正面、积极的人生态度带给了身边人，我也曾在沮丧时被她的积极鼓励过。

Part 1
每天演好一个有趣的人

  我也曾好奇地问她:"为什么你总能生活得如此积极美好,难道你真的没有遇到觉得很难的事吗?"

  姐姐答:"每件事做起来都挺不容易的,都是咬着牙逼着自己做好的,我也遇到过很多难过瞬间,只是一直在给自己做心理建设,让自己扛住,别泄气。比如,你曾说看到我大年初一晚上在微信朋友圈发自己晚上看书写字的照片,心生羡慕觉得娴静,但故事的 B 面是,那晚我公公生病住院,先生在医院陪公公,我除了担心之外什么都做不了,于是干脆看书写字,调整心情的同时还能利用时间来学习。"

  不是没有难过时刻,只是学会消解难过,学会默默撑住,这才是真正的成熟的成年人。

  《请回答 1988》里说:"大人们也会疼,但他们只是在忍,在忙着大人们的事,用故作坚强来承担年龄的重任。"

  小孩和大人最鲜明的不同是,小孩疼了会喊,累了会说,大人知道每个人都有难处,这世上并非只有自己辛苦,大家都是如此,都在默默死撑。

03

学会放下。

刘震云在《一句顶一万句》中写道:"过日子是过以后,不是过以前。世上的事情都经不起推敲,一推敲,哪一件都藏着委屈。"

人生在世,没有哪一件事不委屈,也没有哪一个人没经历过委屈时刻。

朋友前两天跟我说,她准备离婚了,我问她为什么他们的关系突然变成这样。

朋友说:"也没什么别的事,就是生活中一些鸡毛蒜皮的小事,他说,我跟他三观不合。"

那一句"他说,我跟他三观不合"中藏有多少心酸和不甘。

朋友跟她老公从高中相恋,谈了七年恋爱,前年结婚,去年年初最艰难的日子,她为他生下了一个孩子。他们是很多人眼中所羡慕的从校服到婚纱的爱情故事,但再美的故事也抵不过生活的琐碎。

Part 1
每天演好一个有趣的人

我问她以后打算怎么办。

她答:"能怎么办,日子终究是要往前的,以后好好工作,好好赚钱,好好养孩子,好好生活。"

我们终于真的长大了,不再会因为对方不回自己的消息难过一晚,也不会再因为不被喜欢而觉得天塌了,更不会在一段感情里反复猜测、怀疑对方是否喜欢自己。我们接受了月有阴晴也有圆缺的事实,也接受人生有阳光明媚,也有阴雨绵绵的真相。阳光明媚时就开开心心出门遛弯,阴雨时撑伞保护自己。无论得或失,一切都是人生,一切都可以是最好的安排。

长大后的我们,学会的最重要的一件事就是放下,放下那些让自己不开心的事,放开那些让自己不舒服的人,放弃那些让自己消耗的关系,不会再为我们无法掌控的事情难过。懂得自己给的快乐才最持久,好好工作、好好赚钱、好好生活才是自己能创造的最持久的快乐源泉。

在一个访谈节目中,嘉宾说过这么一段话:"每个人在爱情里面都轻松不了,除非你非常现实,但现实也并非就完全不会难过,我觉得只要一谈到'情'这个字,都轻松不了。"

　　而人与人之间相处，说到底就是一个"情"字，无论爱情、友情、亲情抑或是人际之情，谁都离不开情字。太过纠结"情"，会让人很累，所以真正成熟的人都懂得去学会放下自己的执念，学会放过自己，改变自己能改变的，接受自己不能改变的。

　　不奢求太多，快乐最重要。

　　网上看到一句话：成年人就是再难过的时刻手里也敲打着键盘。

　　成熟从来不是一件容易的事，但让人庆幸的是，成年人是向内生长的，是很坚强，很勇敢，也有能力自救。

Part 2
特别有意思，搞笑又心酸

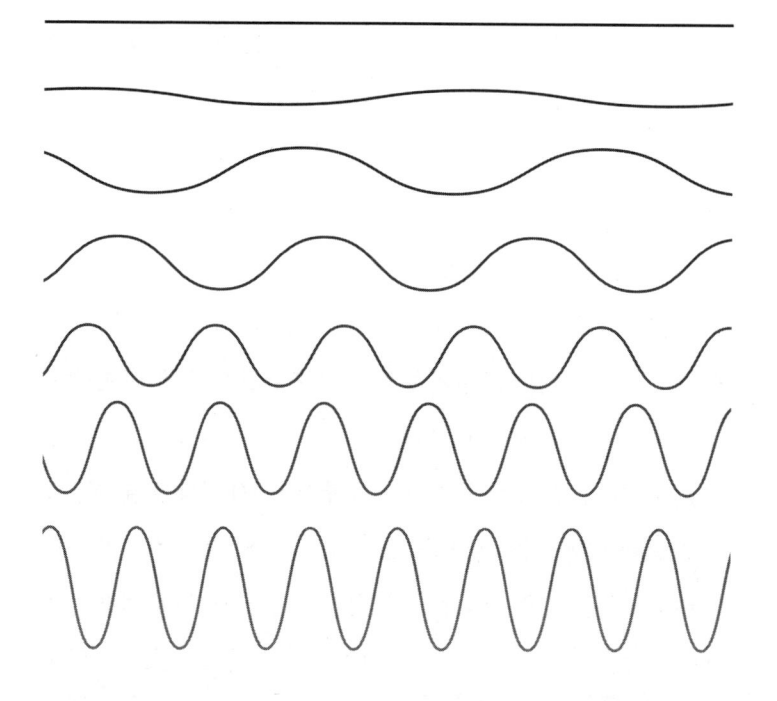

◆ 二十岁出头做什么可在5年后受益匪浅？

前段时间给我的下一本新书写后记时，我脑中突然闪现了一句话：五年前的我，肯定没想到未来的自己会这么棒。

细数20岁到25岁这段时光，我很强烈地感受到，在这五年的时间里，我通过自己的努力改变了我的人生。

五年，足够改变我们的一生。

20岁那年，我开始在网上写作，家人不理解，他们说，有捣鼓文字的时间，还不如用心再多看几本专业相关的书籍；身边人不看好，他们说，哪有人那么容易就出书，就成为作家的；在我写出几篇点击量超过10万且反响也不错的文章后，我一个女性朋友跟我说："没什么大不了的，你就是运气好点，你这样的文字我也能写出来。"不理会身边嘈杂的声音，也不管有没有人理解，我坚持写下来了，后来

Part 2
特别有意思，搞笑又心酸

我出了一本书、两本书、三本书，还有以后的第四本、第五本……也许这样的文字你也可以写，但我这样的人生你真的活不出来。

24岁那年，毕业两年，放弃了体制内的工作考研。家人从头到尾都不支持，甚至很多人都不理解，他们说："你现在这样不挺好的，有一份稳定的工作，还有自己喜欢的写作，写作的收入弥补体制内的低收入，体制内的稳定弥补写作的不稳定，为什么非要折腾。"我不顾所有人的反对，就算父母跟我冷战了三个月，我依旧坚决自己的想法，还特别非主流地把QQ的个性签名改成"你四平八稳地走，真的走不到星辰大海"。

所有人都觉得放弃这么好的工作我肯定会后悔，所有人都觉得跨专业考研的我肯定考不上，所有人都觉得我太任性了，但25岁的我，最终还是成了我想要的大学的硕士研究生，弥补了高考的遗憾。虽然过程很辛苦，未来肯定也有很多艰难时刻，但我相信未来的人生一定比之前更好。起初我是想向那些不看好我的人证明，年轻的我对自己未来人生的规划也可以很理性很长远。现在想得更多的是，我不能辜负

我想活得像个皮球一样

我自己,不能让自己失望。

没有炫耀自己的意思,我从不觉自己多么成功,也向来不喜欢拿自己去跟旁人比照,我的参照物从来都是自己,努力也只是为了让自己成为想要的样子。

之所以决定把这段经历拿出来说,是想让我这段从一个起点并不高、还会自卑的普通女孩,成为现在这个充满自信且找到自己热爱,敢拼、敢追梦的经历去给那些想改变的人一点勇气,让他们看到生命的另一种活法,让他们相信未来的确是可期的。

所以关于如何投资自己、提升自己,我也想分享几点自己的想法。

01

保持不断学习的能力。

学习可以是学习专业知识,也可以是学习某项技能,比如视频剪辑、PS、摄影等。也可以是准备某项考试,比如驾照、国际注册会计师、雅思、托福、国家二级心理咨询师等。

我们学习很多知识是为了自我提升，为了在不确定的世界里有应变的能力，所以我们要给自己定下严格的考核标准，确保自己真的学到了知识，而不是每天假装自己在学习，这样无效的努力不仅毫无效果，也是在浪费我们的生命。

读书时代，曾经很单纯地以为学习只是为了掌握一些以后不会用到的知识；但如今，我所理解的学习不仅是让我们掌握了以前不知道的知识，更多是磨炼我们的心性，塑造我们的思维，让我们在浮躁世界能耐得住孤独，去相信努力的力量，去相信再难的事，只要踏实努力，终会攻克。

我向来有看我文章下面的评论的习惯，记得上一篇我写的问答底下的一条热评是这样写的："读完这篇文章的感受就是羡慕，羡慕你的人生有这样的领域，羡慕你的人生经历，羡慕你清醒的自我认知和态度。"

这条评论是让我很感动，但感动完，内心蹦出的第一想法是："故事的B面是我从'我做不到'到'我完成了'，虽然是简单几行字的故事，但这中间经历了多少困难，又有多少个崩溃的日夜，都是我无法说出的。"

努力是辛苦的，学习的过程也是充满艰辛的。

所以，如果你真的想学点什么，那就丢掉所有虚的，踏踏实实努力，做好长期承受辛苦的准备。

02

走出自己的舒适圈，做自己想做但不擅长的事。

23岁那年，在写作和工作中，我都遇到了很大的瓶颈。当时觉得工作方面可能一辈子就这样了，变化的空间已经很小了；写作上，我一直逼自己想"三年后、五年后、十年后，当大家看厌了我写的东西之后，我还能写点什么，我还有什么竞争空间"，我找不到答案。或者说，当年我心中的答案是"没有"，只是我不敢承认。

那两年我整个人都很迷茫，一方面想要再突破一下自己，让自己向别的方向再拓展一下，但另一方面，我变得很懒散，眷念已有的成就，眷念熟悉的环境、熟悉的合作伙伴。

Part 2
特别有意思，搞笑又心酸

因为离开熟悉的一切进入一个陌生的环境，就意味着你要放弃原有的光环，从零开始。无论是心态，还是努力，都要像新人一样扎实地再走一遍。

身边也有很多朋友想要转型，但都只是三分钟热度，尝试一下，没能立马看到结果，加之的确辛苦，于是纷纷作罢。但如今再回想起那段时光，觉得那时候的我做过最正确的一件事就是，走出自己的舒适圈，逼了自己一把，才有了现在的我。后来决定考研，也基于寻求更长远人生发展的考虑。

走出舒适圈，不只是让我们挑战以前没做过的事，这份挑战更会为我们的生命注入新鲜的活力，让我们相信自己的人生可以变得更好。

两年后的今天，之前跟我说人生迷茫的朋友依旧在迷茫，但我此刻已经不迷茫了。

想起之前我做的一个方案，完全陌生的领域，陌生的内容，但我因为想把这件事做好，所以我愿意学。我用了两天时间看了十几万字的资料，用A4纸写了满满七页笔记，最后终于把我想要的方案做了出来。

可能这也是此刻的我不再迷茫的原因。

过程很难，但趁年轻，应该多做点你觉得难但想做的事。

03

不要不舍得为自己花钱，但不要瞎花钱。

消费主义时代，所有人都在告诉你投资自己就是要花钱，要给自己买最好的，要让自己经历最好的，要让自己享受最好的。他们说，要舍得为自己花钱，因为你值得。

我一直不太认可这种观点。

在学知识、技能这些事上，要舍得花钱去买书、买课程，甚至是花钱请教专业的老师。但在不该花钱的地方也要合理安放自己的虚荣和欲望，要学会理财，学会增加自己银行卡中数字。

就因为现在花钱太容易了，所以对年轻人来说，合理消费，有存款，更显重要。因为有了积蓄，以后才能更长久更大力度地发展自己。

毕竟人生重要的大件，都很贵，你想要过的人生，也很贵。需要你不断提升自己的技能，既要有赚钱的能力，也要懂得把钱花在该花的地方，为未来攒一张"船票"。

投资自己最好的方式是要舍得为自己花钱，但不要瞎花钱。

04

戒掉浮躁，从小事努力。

我表弟二十岁出头，特浮躁，不管给他任何建议，他永远都是一句话："人家能做成那件事，是因为人家有多少资源，有多少人脉，多少资金。"

我回："任何你现在看起来厉害的人，最初都是一步一个脚印，从零到一走出来的，你不能光看别人现在的成就，得多看看别人是怎么走过来的。"

他会很理直气壮地继续说一句："但我没资源，我怎么跟别人比，做那些事很难，还不如不开始。"

我当然知道难，想做的事，都很难。

人生很多事，在开始的时候都是很难的，所以我们才要

> 我想活得像个皮球一样

努力啊。

表弟心浮气躁、不安现状、羡慕别人的生活,却又不肯正视自己的真实情况,也是当代很多年轻人身上都存在的问题。有一颗想改变的心,但不肯吃苦,不敢拼一把,常常还没开始,自己就劝说自己放弃了。

说句很不谦虚的话,我从来不会以这样的方式看问题。与其把别人的成功归结为资源、人脉,我更愿意看到成功背后更深层的问题(比如别人比我更努力,别人比我更能吃苦,别人比我所学知识更多,别人比我内心更强大),然后找到我可以从别人身上学习的地方,从小事开始努力,拼命汲取营养。

人生中重要的东西从不是某个成功的经验,成功的方法很简单,是大家都知道的努力和坚持。人生最重要的应当是,要有足够的勇气和信念在现实生活中做到"努力"和"坚持"。

这是我想跟我表弟说的话,也是想给大家说的话。

投资自己并不是多么复杂的事情,从现在开始,想清楚你想成为什么样的人,然后小事开始,让自己朝着那个方向积累。

　　以前我不太喜欢别人叫我励志作者，总觉得"鸡汤"这个词被用得泛滥，但现在却觉得，如果我能让自己变成更好的同时，能把我的一些经验分享给别人，对别人的人生起到一些帮助，那也挺不错。

　　如果非要用一句来总结我过去五年的所得所获所悟，那便是：无论身在何处，处于哪个年龄段，一定要努力且用心地去生活。

　　虽然是很简单的一句话，但人生很多珍贵且有价值的存在，本就是朴素简单的。没人比你厉害，只是有人比你更努力、更坚持，这就是人生的真相。

◆ 空闲时间可以培养什么兴趣？

年少时憧憬的长大后的人生是优雅的。在咖啡厅点一杯冰美式，一边发呆一边看着店外来来往往的人群。知性且优雅地把修剪好的花朵放进花瓶。会做像五星级餐厅那样的高级料理。闲暇时去上个瑜伽课，在冥想中学会感恩生活。随时都可以来一场说走就走的旅行。

青春时代所理解的兴趣全跟吃喝玩乐有关，是岁月静好的，是轻松的，是没有烟火的。正如当时的我们对世界的认知，以为长大后生活一定会变得很好。

但那不是生活本来的样子。

生活不只是岁月静好，生活的常态是坚定中的纠结，体面中的狼狈，不服输时脑中也会闪现"要不算了吧"的念头，是咬紧牙关往前走时偶尔露出的委屈，是就算你坐在环境优雅的咖啡厅喝着冰美式，想的也是咖啡花了多少钱，今天开销了多少，这个月还剩多少钱。

见识过生活原本样子后，我对未来的期待变了，不再迷恋那些看起来美好但成本较高的爱好，不再过分迷恋岁月静好但不真实的生活。开始脚踏实地去热爱人间烟火，去培养那些真正对我未来人生有益的兴趣。

于我而言，兴趣不再是我们小时候参加兴趣班时的一个休闲爱好，培养一个兴趣的出发点也不再是为了一场别人眼中的浪漫。而是更希望现在培养的兴趣会滋润我以后的人生，会在未来某个时候帮我自救，会真正提升我人生的质量。

基于此，接下来跟大家分享的可培养的兴趣跟我们认为的很岁月静好的兴趣爱好不同，全是基于实用主义和长期主义考虑提出的方便培养的兴趣。

01

让自己爱上运动。

以前我是不喜欢运动的，大学时期最讨厌的课就是体育

◆◆◆◆
我想活得像个皮球一样

课，为了逃避运动，大学的体育课我选了太极，每次上课跟着老师晃荡一下手就行了，运动量很小。

后来因为写作而接触了一些工作，压力大了，体重也跟着增加了。为了减肥，不得已之下去了健身房，这是我真正意义上的第一次主动去接触运动，目的只是为了让自己减重。

再后来，有段时期心情一度很压抑，找不到发泄的出口，于是每天玩命似的在健身房"虐"自己，把心里的不愉快在跑步机和运动器械上都发泄出来，出完一身汗后整个人都是很轻松的。运动完的感觉就像是压在胸口一直吐不出的那口气终于吐出来了，能顺畅地呼吸了。

甚至那些原本想不通的东西，在运动中也慢慢被想通。

后来我分析为何在运动过程中能想通很多事，得到的答案是：在运动过程中，要忍住肌肉的酸痛，要一次次逼着自己在瑜伽垫上完成很难的无氧锻炼，要在每一个想放弃的瞬间逼自己再坚持一下，这时候人生的艰难和辛苦好像也能理解了。而且在运动过程中，那些本以为没办法完成的动作，在我们一次次的坚持中，竟然都完成了。有些事没有想象中艰难，我们也比想象中的更强大。

Part 2
特别有意思，搞笑又心酸

自那以后我开始爱上运动，或者更准确地说，运动成为我拯救情绪的一种方式，它能排解我一大半的不愉快。

所以如果一定要培养一个兴趣，那我最推荐的就是运动，运动不仅能保持身形，还能锻炼意志，缓解压力。

运动形式也很多，可以去公园跑步，可以去健身房锻炼，可以在家里跟着运动App锻炼，还可以在网上找一些瑜伽视频，在家跟着做瑜伽等。每天空闲时候，运动三十分钟到一个小时，足矣。

运动虽然看起来只是一个很不起眼的兴趣，但它也是关键时刻能拯救我们情绪的"药"。

02

学会自己做美食。

以前我是很不喜欢去厨房这种地方的，我当时真实的想法是，餐厅这么多，外卖这么方便，我妈的手艺这么好，我为什么要想不开学做菜啊。

大学毕业后，自己独居期间吃多了外卖，发现辣的不辣的，肉的素的，炸的炒的，吃来吃去都是一个味道。

而且去到一个陌生城市，最明显的不习惯就是食物，有时真的会忍不住问周围相熟的朋友："这里吃得这么淡，这个城市的人是怎么活了这么多年的"，每次吃饭的时候都会异常想念家乡的食物，想念我妈炒的家常小菜，后悔为什么没好好跟妈妈学几道家常菜。也是那时候开始下定决心，有机会一定要跟妈妈学做菜，学会她食物搭配的方法，学会家乡的味道，至少日后独自在异乡时还能给自己做一道熟悉的菜，虽然只是一盘家常菜，但也能给我们内心带来一丝温暖。

我们常说要做个独立的大人，但独立不仅只是金钱上的独立，还要在生活上能照顾好自己，要有办法让自己吃得好，吃得开心。

现在，除了吃喝玩乐赚钱外，我的另一个爱好就是做点好吃的。我特别喜欢看一些教做菜的视频，也爱看美食类节目，偶尔兴致来了，也愿意自己捣鼓些吃的。端午节自己在家包粽子，有时候还自己做烧麦、比萨、凤爪煲，还会用烤箱做饼干和面包。

做食物的过程很开心、很治愈，吃自己做的食物也很有成就感。

做菜这件事不只是针对女生而言，我身边也有很多特别会做菜的男孩。做菜不该成为某个性别的特权，更不该成为取悦谁的工具，只是让自己吃得更开心更舒服的方式。

如果想要培养一个兴趣，可以试着跟美食视频一起学做一道喜欢吃的菜，既可以很好地照顾自己的生活，也能治愈自己的情绪。

03

学着去写影评、剧评。

没在小标题中直接写上"多看电影"，是因为现在看电影都成了大多数人兴趣爱好那栏的必填选项。

但说实话，只是偶尔看了几部电影，顶多只能算是无聊时消遣时间的一种方式罢了，真不能称之为兴趣爱好。

既然想培养兴趣，咱们就得认真点，规律点。

严格计划好自己每个月要看几部电影，看完还要写影评，字数不用很多，但一定要写自己真实的感悟。一来，看电影可以成为消遣时间的一种方式，文艺的说法是，可以陶冶我们的情操，增强我们的文化底蕴；二来，光输入不行，真正能提升我们的是输出的过程，而多写观后感就可以锻炼我们的输出能力，让我们可以更好地去理解电影想传递的东西，也能提高我们的表达能力。如果影评写得再好点，还能当个影评人，看剧赚钱两不误。

我们不能只做大家都会做的事，试着做一些大多数人不会做，但做了会真正滋养我们的事，并长久坚持下去。

04

培养自己对生活的兴趣。

你要培养自己"好好生活"的兴趣。

说到底，我们培养的所有兴趣的最终的目的都是为了提

Part 2
特别有意思，搞笑又心酸

升我们的生活品质，为了让我们更热爱生活，更热爱自己。

但如何培养呢？

去模仿你想过的那种生活，去做你此刻想做且能做的事，去每天记录你生活的美好时刻。

看到朋友去听音乐会，很羡慕，也很想去，那就安排好自己的时间和金钱，抽个空闲时间也去看一场音乐会、演唱会。

看到别人每天吃低脂的营养餐很健康，也想像别人能吃得那么健康，那就去超市或者菜场买食材自己回家做。

看到大家呼朋唤友在家聚会很热闹，也想在家开派对，那就约朋友来家里吃饭，一起开开心心的玩。

看到别人周六日去城市周边游玩、爬山、逛公园，也想去那些地方玩，那就根据自己的时间，抽空也出去放风。

……

我们可以不知道自己的兴趣是什么，但我们可以去学着那些会生活且生活得很热闹的人，想办法让自己在允许的范围内开心地生活。

生活的本质就是，量力而行的去模仿你想要过的生活。

热爱生活，每天都想办法让自己生活得再开心一点，也

我想活得像个皮球一样

可以成为我们生活里的一个兴趣。

曾经有段时间我生活得特别压抑,所以后来在《自洽》里写了一句话:活得开心,就很励志。

有时真觉得,我们在人间谋生,谋来谋去,只是在谋自己的心安理得,谋自己是否开心。

无论我们对什么感兴趣,或者觉得什么很好,很想去做,这背后的共同心理就一点:为了开心。要么是做这件事的时候我们会很开心;要么是做完或者做好这件事后,感觉到自己的能力在提升,进而发自内心地替自己开心。

一切都离不开"开心"二字。

二十四岁之前,我的兴趣就是去做很多让自己开心的事,包括写作,只是单纯地为了开心;二十四岁之后,我更多的是想做些能滋养自己的事,培养能滋养自己的兴趣。

◆ 如何认识到自己的不足？

我一般从四个方面去察觉自己存在哪些不足。

01 ～～～～～～～～～～～～～～～

警惕那些让你感到恐惧、紧张的事。

从小到大，我很少主动站起来回答老师在课堂上的提问，倒不是我不知道答案，很多时候明知道答案，甚至有时心里还觉得我的答案更出众，但我宁愿在心里期待老师主动点我回答（大多时候老师不会点我起来回答），也不愿意站起来主动说出我的想法。

我一直很羡慕那些能主动大胆站起来回答老师问题的同学。

我想活得像个皮球一样

年纪小一点的时候，我以为只是自身性格内敛，才没能像别的同学那样敢于在公开场合表现自己，我把在公开场合说话时的紧张感归结为性格内向；长大后，在经历过一次次不得不在公开场合表达自己想法的场合后，我已经从最初的紧张，然后一点点克服紧张，到如今能很自如地面对大部分的公开场合，才明白，在公开场合公开表达自己会觉得紧张、羞涩、胆怯，不是性格原因，而是缺乏表达自己的锻炼。

我们习惯性把某些时刻自己表现出的紧张、焦虑、压力过大等情绪归结为性格使然，但有些情绪的变化，不是生理的自然反应，而是你的身体在提醒你"在这些瞬间你很紧张，你表现得还不够自然、不够大方，接下来你得注意锻炼或培养自己这方面的能力，你需要更强大的内心，更淡然的心态"。

那些让你紧张的事，背后或多或少都能折射出你所欠缺的方面。

Part 2
特别有意思，搞笑又心酸

02

注意那些让你羞愧、自卑的事。

中学时代的我挺胖的，那会儿我最讨厌听到别人提到"胖"字相关的字眼。我觉得只要我在场的地方，别人谈到"胖"字相关的话题就是在影射我，甚至每次听到别人聊起与"胖"相关的话题，我会连带着讨厌一起讨论这个话题的人。

那是一种自尊心很强，但又很自卑的矛盾心态。

年少时，哪怕胖是一个事实，哪怕这件事让我羞愧，但我从不肯承认自己胖这件事，只会在内心默默自卑着，默默嫌弃着自己，默默想着要是我再瘦一点就好了。

等到长大后，慢慢愿意正视且承认自己有点胖，开始控制饮食和运动，再后来随着体重慢慢变轻，加上自己从别的地方找到的自信，如今已经不会再为胖这件事而羞愧，甚至胖还成了我跟朋友们聊天时自黑的手段。

现在回想从前，我最大的感受就是：有时我们内心越在意一件事，越害怕别人说自己某些方面不好，越说明自己在那方面是有所缺乏的，是需要提升和改进的。这里的提升是，要么从根源改掉自己的不足，要么从心态上接受不足，实现自洽。

我们身上的那些不足，就像衣服上的洞，人类心理是越是有洞的地方，就越怕别人看出来，于是拼命地捂着、遮掩着。所以，若你不知道自己有哪些不足，试着想想你最怕别人说你哪些方面做得不好，就可以在这些方面提升自己。

直到有一天，当看到你衣服上的洞时，你的内心不再自卑，而是觉得衣服破个洞也没什么大不了的，现在有洞的衣服才时尚。

这才是真正的正视自己、接纳自己。

03

谦虚地听取别人的批评或建议。

坦白说，用完全谦虚的心去接受别人的批评与建议，并不是一件容易的事，至少我此刻还没做到。

Part 2
特别有意思，搞笑又心酸

但我能做到的是，试着以谦虚的心去看待别人对我的批评，纵使听到批评或评价的第一时间内心很难接受，体内的防御机制会跑出来跟我说他们都不了解真正的你，他们说得都不对。

但在短暂的逃避后，我会试着去正视别人对我的那些批评，去分析我身上是否真的存在这些问题。如果有，那就改，如果是别人误解我，也不会特意去解释，只默自努力。

早几年的时候，我写过一本书叫做《别人的眼光没资格打败你》，我承认这世上的确有这么一些人，他们对我们的评价是不客观的，是不带有善意的。所以我在这里所说的"听取别人的批评或建议"，是基于那些给我们提建议的人都是真诚的这个前提。

谦虚听取那些真诚指出我们身上不足的人的建议，也是我们认识自己不足的一个方法。

学会自省，但也不要过分自省。

04

警惕那些你本该去做，但不愿做的事和瞬间。

通俗易懂的说法就是，若此刻你本该看书学习，但你就是不想学习，就是想去打游戏，想去玩，那么在这些瞬间，你得去思考一下自己是不是拖延症、爱偷懒、不努力。

当然，这世上不存在百分之百永远努力、从不拖延，也不爱偷懒的人，所以我们可以允许自己偶尔的一两次松懈，但若频繁地出现本该做某件事，但就是打不起精神去做的时刻，就应该去思考一下此刻自己的内心和心性是否需再磨砺一番了。

现在再说"人无完人"这种话，会显得很俗，也会暴露出我词汇量贫乏的缺点。但俗就俗吧，我还是想说：我们身上存在不完美，并不可耻，这是很正常的一件事。

这世上没有完全完美的人，每个人身上或多或少都有一些不完美的缺点。

面对我们身上存在的一些不完美，你可以提升自己，尽量把不完美变成相对完美；你也可以保持现有的状态，但要学会接纳自己的不完美，并与之和谐相处，这也是与自己和解的一种方式。

以上四条建议，都只是辅助我们更好认清自己。认清自己的最终目的，不是为了看到自己哪里还不够好，而是为了让我们更好地提升自己、接纳自己。

◆ 如何说服父母支持自己的决定？

01

转眼又到了高校放寒假的日子，虽然朋友的研究生课程结束得早，但她并不想太早回家，于是以写论文为借口把回家的车票买得很晚。

朋友跟她爸说了她回家的时间安排，她爸不同意，并且差不多每天给她打三个电话，连说带吓地一遍遍跟她说："不行，你得听我的，得早点回家。现在不听我的，出了问题，你到时别后悔。"

朋友也是很有个性的人，有一次干脆直接在电话里跟她爸吵了起来，她很大声地跟她爸说了一句："我都是成年人了，我能自己做决定，你们为什么还一直干预我的决定。"

那几天朋友很难过。

朋友问：为什么她都这么大了，父母依旧干预她的决定。她很羡慕我，觉得我的家人大多时候非常尊重我的决定。

我答："我们这一代人中，很少有父母一开始就完全支持子女的决定的。大多数能赢得父母的信任和支持的人，都曾在说服父母支持自己的选择这件事上做过很多努力。"

这跟父母是否理解我们无关，也不完全在于决定内容的好坏，父母能否支持子女的决定的本质是，做决定的我们是否足够让父母信任。

02

在说服父母支持我的决定这件事上，我是用了很多方法的。

二十岁刚开始写作时，我爸觉得我天天写东西既浪费时间，也没什么用。他不止一次严厉地跟我说："你有时间对着电脑写东西不务正业，还不如花点精力多看几本专业书。"

我很委屈，觉得为什么自己的父母这么不理解、不支持我，当时为此哭了很多次。但后来我表面上答应他不写了，背地里还是会悄悄继续写稿子。那时，我刚在一个平台上写作，我给自己定了一个要求：如果三个月内，我不能成为他们的签约作者，我就不写了。

所幸，三个月后我成了他们的签约作者。那阵子写的文章经常被爸妈眼中权威的"人民日报""人民网"转载，加之我靠写作也能赚些零花钱，还请他们吃了饭，给他们买了礼物，慢慢地，他们也就默许了。

03

后来有出版公司找我出书，但我爸怕我被人骗了，一直反对，他还甚至跟我说："我觉得像你这样喜欢就写一写挺好的，为什么非要出书，咱们不出书了吧，万一被人骗了呢。"

坦白说，我当时听到我爸的这番话后，心里很难受。别人家的父母拼着劲给自己的孩子创造机会，我家父母却不管不顾地把机会往门外推。他们根本不关心我想要什么，只想用他们的想法替我们做出"都是为了你好"的决定。

于是我干脆放弃需要父母支持的念头，砍掉身后家人给我的所有的保护网，不寄希望谁来帮我做正确的决定，我心里的想法只有一个：这是我自己的事，我自己做决定，无论好还是坏，后果我自己承担，我不会怪任何人。

几个月后，我的新书出版了，我能感受到，我爸拿着写有我名字的书时，他也很开心。

04

后来我考上了家乡的编制，但我并不想以后就留在老家了，我还想继续读书，想去外面的世界看看，想给自己再争取一点别的机会，于是我放弃了体制内的工作。

家里几乎所有人都跟我说："你选错了，你以后肯定会后悔的。"我爸甚至跟我说："别人挤破头想要的机会，你说

我想活得像个皮球一样

扔就扔，你怎么这么任性，你就是太年轻没吃过苦，反正你以后后悔了别怪我们。"

对于我已经做完选择且无法更改的事，他们笃定我肯定会后悔。

我说："我想考研，想提升学历，想继续读书。"

我爸说："每年那么多人考研，你从小就不是读书很聪明的那种学生，你怎么肯定一定能考上，万一你考不上呢？"

那件我正在努力做，还没到结束时刻的那件事，他们一直在说"你不行"。

难过时，感觉不被理解的自己像是被这个世界抛弃了一样，好像不管我做什么都是错的。在我压力最大最无助那时候，父母也没跟我说过一句加油的话。

我硬是靠着那股"我不能输，我不能让那些不相信我的人得逞"的劲儿挺到了最后。虽然期间崩溃过无数次，但还是把脚下的路给走通了。

最奇妙的地方是，当我的收到研究生录取通知书的那一刻，我能感觉到，我爸很激动，很自豪，很开心。

谁都不能否认，父母都希望子女们能心想事成、万事顺利的，我相信他们是这个世界上除我们自己外，少数会真心为我们的进步感到开心的人。他们不支持我们的决定，也只是怕我们选错了。他们知道自己的能力有限，在大一点的世界里，当我们受了委屈难过时，他们也没办法护我们周全，他们不是怕我们飞得高，而是怕我们飞到他们看不到的地方受伤难过，而他们却什么都不能做，所以他们想尽自己所能把我们护在他们能保护的范围里，这是父母爱我们的方式。

所以在我的父母看到我靠自己的能力也能把自我实现，把自己照顾得很好时，他们也开始慢慢对我放手。

05

我感觉我和父母的关系就像在玩一个通关解锁游戏，我得慢慢积攒能量，每通一关，就可以从他们那拿回一点人生的自主权，在通关的同时，也给了他们一点信心，让他们慢慢相信我的选择，相信我的决定，相信我会努力把人生过好。

• • • •
我想活得像个皮球一样

所以，继续回到朋友的问题：为什么父母一直干预自己的决定？

因为在和父母的相处过程中，你并没有真正的靠自己做成一件很了不起的事，去让他们相信你已经长大了，让他们看到你不是小孩子了，你是有能力把自己照顾好的。

还有很重要一点，想要父母不再干涉你决定的最好方法就是，努力挣钱，不要再伸手向父母索要任何经济上的支援。否则，又想父母给自己花钱，又不许父母过问钱花到哪了，也不太现实。

至于如何说服父母支持自己的决定？

答：在没拿回人生自主权时，先不要急着跟父母红脸，他们不支持你的选择时，也别急着委屈，默默努力，先靠自己做成一件像样的事，让父母看到你可以照顾好自己，然后一点点夺回主权；等内心强大之后，就锻炼自己不在意别人眼光的能力，我们也不再是幼儿园的小朋友非要拿到小红花激励才能好好学习，我们没必要非要家里人的支持才能做好一件事，哪怕全世界都不理解我们，只要我们理性思考后，觉得这是你想要做的，那就自己努力，埋头苦干，自我实现。

在获得父母支持这件事上,最浅显的方法是用语言游说父母支持我们,但这也是见效最小的。最根本、直接的办法是,让自己成为一个经济独立、思想独立的人,清晰认识到父母只是我们的家人,在十八岁之前我们需要他们当我们人生的监护者,但十八岁之后我们才是自己的监护者,努力对自己的人生负责,无论选择对了还是错了,后果都自己承担,不怪任何人。明白这一点后,也不会再问出"如何说服父母支持我们决定"这种问题。

我们并不需要父母帮我们人生兜底。

当有一天,我们不再执着于需要得到父母的支持,通过自己的能力、专业知识和过往经验进行理性分析判断后,就能笃定地做一些事,我们才是真正的长大。

◆ 如何学会发现事物的隐藏价值？

01

这两年，我的最大变化是心态上的转变。

以前我把所有会让我产生难过情绪的事，都当成不好的坏事。搞砸的事在我眼中就是场狼狈，面临的难关都被当成我前进路上的障碍，从失败中看到的是绝望，从不顺意的事中看到的是麻烦。

只看事物的表面意义，用着绝对的"好""坏"标准去单向衡量一件事，潜移默化间只把我们的情绪分成好坏两部分。长期下来，我们会习惯性地把"开心""喜悦"当成值得拥抱的好情绪，把"难过""悲伤"当成避之不及的坏情绪。

Part 2
特别有意思，搞笑又心酸

在人间谋生，我们百分之八十的情绪都不是绝对的"开心"和"喜悦"。

所以，前几年我一直过得不是很快乐，一旦面临大的挑战或严苛的考试，抑或是需要我百分之百投入精力去努力争取的事，我都感觉自己头上好像有一朵乌云，不但一直跟着我走，还不断地下着雨打着雷。直到我完全解决掉那些挑战之后，那朵乌云才会散开，我才可以稍微松一口气。

虽大家一直在讲我们要拥抱挑战，要走出舒适圈，要拥抱失败，但对曾经的我来讲，拥抱失败和挑战真的很难。

我没办法开开心心地对挑战说"欢迎你，你来吧"，我也没办法在明知要有一段不确定的人生的情况下，依旧没心没肺的玩笑。即使是现在的我，都没办法完全做到豁达。

承认自己没办法做到豁达不丢人，毕竟我们都是有血有肉的人类啊。

允许自己脆弱，也是我们学会去发现事物隐藏价值的第一步。

我想活得像个皮球一样

02

后来随着年龄的增长，发现很多时候就算我们内心再脆弱，就算我们头顶上有再多片乌龙笼罩，还是得把自己的工作做好，好好做好述职报告，好好完成策划方案，好好写PPT。

有过类似经历的人肯定都知道，如果心里压着一件让自己很不开心的事，那你每天的情绪一定是很低落的，早上睁开眼就想到那件你一时半会儿没办法解决的事，潜意识里会让你觉得这一天天好难过。过分担忧未发生，或一时半会儿没办法解决的一切，会让我们觉得生活没有希望，无所适从，在这样的状态下，无论学习、工作还是生活，效率都会很低。

在发现有事情自己一时半会儿没办法解决，又很影响当时的心情时，我会尽量说服自己不要只去看事物的表面，试着去发掘它的深层含义，试着从糟糕中找到让我接受它的理由，反正就是要将让我沮丧的事物，变成能滋养我的存在。

就像最近一段时间，我心里压着很多一时半会儿没办法

Part 2
特别有意思，搞笑又心酸

解决的事，因为不确定自己能不能很好的应对，以及对于未知的挑战，内心深处充满着恐惧和焦虑，觉得生活就是一地鸡毛，有时压力大到想大哭一场。

但大哭的同时又觉得不能这样放纵自己，不能过分害怕未来的不确定性，不能带着负面情绪继续向前走，这对于接下来的任何挑战都是不利的。

成年人就是这样，一边崩溃大哭，一边还要告诉自己要勇敢。

幸好在治愈自己这件事上我一直很擅长，最后我一边哭一边在平板上写：没关系的，未来难点的话，那就难点吧，只要你再用心点，再努力点，脚踏实地走好每一步，用心做好每一件事，结果肯定不会太糟糕。最重要的是，只要你把那些很难做的事都做好了，你一定可以变成一个厉害的人。

写下这句话后，内心好像有个声音在告诉我"事情也没那么糟糕，都可以解决的，每一件事都有它存在的意义，不要过分焦虑"。这一路上的很多艰难时刻，我都是通过这种方式，给自己找一个"你没有做错，你可以继续往下走"的理由，舒缓自己的难过和焦虑情绪。

我想活得像个皮球一样

找到让你难过、沮丧的事情背后的积极价值，告诉自己存在即合理，告诉自己所有发生的事情对我们的成长和人生都是有意义的。我把这种宽慰自己的方式，称之为找到事物的隐藏价值。

03

读书时代，有时月考考差了，老师会跟我们讲："现在考差了没关系，早点暴露问题也是好事情，这次栽了跟头，下次就不会栽跟头了，失败是成功之母，不要太难过。"

以前我每次听到老师这样说，都觉得被宽慰到了。甚至想过，这世上怎么会有这么聪明的人，居然可以发现事物的隐藏价值，明明是难过的事，却还有办法把难过变成值得。

长大后进入社会，不断经历栽跟头，爬起来，再在另一个地方栽跟头，再爬起来……在一次次爬起来的过程中安慰自己"没关系，失败，也是一件值得的事"，逐渐明白：那

Part 2
特别有意思，搞笑又心酸

些善于发现事物隐藏价值的人，并不是他们比别人聪明，只是他们懂得在自己跌倒的时候告诉自己"跌倒，是值得的"。我们需要找到每次跌倒背后的隐藏价值，需要它来给我们重新站起来的力量和勇气。每个事物的隐藏价值，其实都是我们自己给它赋予的。

那任何事都是有隐藏价值的吗？

是的，只要你想找，你能从任何事中找到可以滋养你的物质。这个物质可能是你真实学到的东西，可能是某份经验感悟，也可能是给自己找到的一个可以支撑你继续走下去的理由。

如何发现事物的隐藏价值？

最绝望的时候不要放弃自己，给自己积极的心理暗示，凡事多往好的方向想一想，试着给自己一个能继续走下去的理由。

说到底，事物的隐藏价值只是我们从一件事情里面找出的一个能安慰自己，能够让自己继续勇敢坚强地往前走的理由，虽然带点自欺，也带点积极心理暗示，但我们有时需要这样一个理由。

• 如何拥有"做什么，成什么"的好运气？

运气能后天创造吗？

我的答案是肯定的。

运气是能后天创造的，但获得好运气不是靠每天沐浴焚香，双手合十的祈祷，更不是靠每天转发"好运锦鲤"获得的。

虽我也常常在微博上转发类似"好运锦鲤"这类的微博，可我心里很清楚，转发这样的消息只是"宁可信其有"的心理安慰而已。

近些年，我每次转发"锦鲤"想求的不外乎这三件事"写作顺利，稿子通过""逢考必过""家人身体健康，万事顺遂"。可稿子之所以能过，不是因为转发锦鲤起了作用，而是我对着电脑一遍遍修改的结果；考试能通过，也不是因为我从哪里借了点"东风"，而是我考前做了很多功课，看

Part 2
特别有意思，搞笑又心酸

了很多资料，A4纸上密密麻麻的笔记才是我考试通过的法宝；人生也没有特意偏爱我，艰难的时刻我也遇到过很多，所谓的大家眼中的"万事顺遂"，也只是每一次在生活将我绊倒之后，我努力地爬起来的样子。

实际上很多故事的B面，是大多数人不知道的。

别人夸我"你好厉害，竟然能写作、出书""你真聪明，考什么都能通过""你的人生真顺遂"时，我通常只会虚伪地回一句"其实，都只是因为我运气好"。

不只是我，很多人都是如此，大家都擅长用表面的光鲜去遮盖自己背后吃过的苦，在取得了一定的成就之后，面对来祝贺自己的人，常常用一句"我只是比较幸运"将过去一笔带过。

只有当初那些看着我们吃苦，知道我们一路是如何艰难走过来的人，才知道我们曾经的努力和心酸，未来的很多时刻，这份心酸和难熬，我们大多不会与陌生人诉说。

一来，故事很长，如果是一两个人问，我们还愿意认真讲述一番，但如果同一件事被问及太多次，谁都会很厌倦，不愿意一遍遍地说着已经讲了很多遍的故事；二来，长大后愈发明白，每个人的人生都有那么几段心酸时刻，惨的又不只我一人，比我更努力的也大有人在，何必一遍遍讲着自己的心酸奋斗史，太矫情。

而"我只是运气比较好"是能结束这一话题最绝佳的语言，用"我今天所得的一切，都是因为运气"把成功归结为天意，听众除了羡慕，也不会再继续问"你当时为什么要做这件事""你为什么能一下子就做好这件事"之类的问题。

所以大多数人都不知道成功者的故事B面，他们听到更多的是成功者关于好运气的故事。

但是，那些看起来很吸引人的故事背后，真的没有一点点"好运气"的成分在里面吗？

答：任何成功背后，多少是有点好运在里面的。

但那份好运不是坐在家里什么事都不干，就能心想事成的。"万事顺遂"背后的是我们付出了努力、时间和精力，而后在时间的发酵下人为促成的。

世间最让人羡慕的不是天降好运，因为那份幸运无迹可寻，无法延续，太没安全感。真正值得让人羡慕的好运气是，努力而后能如愿，一切有章可循，遵循游戏规则，好运也可无限延续。

玄学意义上，躺在家就能中几百万大奖的好运气，我没遇到过，也没值得分享的方法（有生之年，若我能被这份好运砸中，到时再来跟大家分享方法吧）。但人为促成的好运，也是人间最普遍的好运气的获得的方法，我还是能分享三四的。

01

好运源于"该做的，我都做好了"这份底气。

之前考驾照时，科目二硬生生到第三次才通过。其他一起练车的朋友们驾照都拿到手了，就我还在考科目二。

我不是传统意义上的那种很聪明的学生，之所以能做成很多事，都只是因为被反复"摔打"，跟时间耗，所以我的成长经历中虽然有很多失败时刻，但也有更多的失败后怎么再站起来的经验。

讲讲我科目二的心酸失败史。

我想活得像个皮球一样

第一次考科目二，真的是没怎么练好的，但教练跟我们说："很多人平时练得好，但是考得差，还有很多人平时差，但考试能一次过，考试这个东西是讲运气的。"我天真地相信了这句话。所以练得很差的我，迷之自信的觉得考驾照就是个玄学，而向来运气好的我，肯定能过。结果挂了。

第二次考科目二，很多人跟我说："往往科目二第一次一半人会挂，但基本所有人第二次都能过。"我依然天真地吃下了这颗"安心丸"，想着我都是第二回考了总能过吧。结果又挂了。

第三次，经受前两次打击的我，痛定思痛决心扎扎实实练车，把该记住的点都记住，不抱有一丝侥幸。终于，最后通过。

从车上下来的时候，我内心想法就一个：那些说自己科目二考过了是因为运气好的人，肯定不是运气好。运气才不能帮你通过考试，只有你平时扎实的练习，把该掌握的都掌握了，这份底气才能保证你通过考试。

不要过分迷恋运气，"运气好"只是成事之人的一个说法，真正会给你带来幸运的从不是"运气"，而是你过往习

Part 2
特别有意思，搞笑又心酸

得的知识、掌握的经验、付出的辛累。锦鲤有时会欺你，但你过往的努力永远不会让你失望。

02

舍得对自己下狠手的人，运气通常不会差。

所谓舍得对自己下狠手，并不是让我们打自己几巴掌，或者故意给自己找点苦头吃。

我理解的"对自己下狠手"，是一种坚决的力量，是我非要做好某件事的不达目的不罢休的信念，是我必须要把一件事做成的毅力与坚持。

我在文章里不止一次说过，二十岁开始写作后，我的人生才慢慢变好。但我没在文章里讲过的是，在我面临着写作这个机会时，我生活里还有更大更多的力量在劝我放弃写作。

我爸不止一次跟我说"你天天对着电脑写一些乱七八糟的东西有什么用，浪费时间，有这精力倒不如多看两本专业书"。还拿着毕业和就业的压力,一次次试图告诉我"写东西就是浪费时间",所有人都跟我说这是错的,但我偏不认,虽表面答应着不写了,但背地里更加努力的看书写作。

后来我写的东西有一些人看了,有出版公司找我约稿出书,我很开心的跟我家人说"我要出书了",此时我爸又开始说"你非要出书吗,万一是骗人的怎么办,别被骗了,写着玩玩就行了"。我爸就是那种很传统的家长,在家乡小城的体制内待了大半辈子,总觉得他帮我选择的人生路就是最好的。

但我当时非常坚持一定要有自己的作品,就算家里人不同意,我也坚持跟出版公司签了合同,我当时反复跟自己说的是"如果被骗,那也只是被骗走一本书稿,如果我选对了,我赢得的就是自己的人生"。还好,最后我赢了。

包括我之前坚持要离开体制考研,我那古板且固执的父亲又跟我说了一万遍"你把多少人想要的机会随便放掉,你以后肯定会后悔的"。还好,这次还是我赢了,虽然过程走得很艰辛,但我还是如愿成为一名硕士研究生。

身边很多人跟我说,你运气真好,想写作就写了,想出

Part 2
特别有意思，搞笑又心酸

书就可以出，想挣钱就挣到了，想考研就考上了。但这些故事的B面，知之者寥寥无几。

虽然我口头上也会说自己只是运气好，承蒙上天眷顾，但我心里很清楚，我现在所拥有的一切，都是我主动从生活手里夺过来的。我的运气是在无数个不被支持和理解的日夜，一边流着泪怀疑自己、怀疑人生，一边还不忘在黑夜中默默赶路挣来的。

有段时间，我过得很惨，惨到必须靠着古今中外的名人传记来给自己力量，看着那些在各行各业叱咤风云的名人们，也曾经有很惨很糟糕的日子，我就觉得很安慰。既然那些称得上"伟大"的名人们都有这么惨的经历，我又何必自怜。名人传记看多了，会觉得那些看起来"天生我材必有用"的名人们，大多也只是比普通人聪明那么一点点，他们人生转折点的那点运气，也只是因为他们比寻常人更勇敢，更坚持，更坚决，才得到的。

生活每时每刻都在往你的人生里投放一些机会，但你要能接得住。

我想活得像个皮球一样

03

长久的好运，源自持续的努力。

小时候看电视剧最喜大结局，每次看到那些人生圆满的完美结局都会很开心，觉得做成自己想要做的事后，人生就圆满了，不然为什么大结局总是停留在每个人获得自己想要的那刹那。

长大后才发现，人生没有真正意义的圆满结局，只要你还有想要获得的东西，你的人生就永远是在寻求"好运"庇护的路上。

没成为写作者之前，我觉得要是能成为作家，出一本书，我的人生就圆满了；等我终于慢慢实现初时的梦想后，却发现"作家"并不是那么好当的，你得思考"如何写出更好的作品""如何让更多人看到你的作品""如何在日复一日的庸常生活中找出新颖的选题，写出新的内容""如何一次次克服自己的瓶颈"等，这些成了我新的困惑，是我最想从"微博锦鲤"或者玄学的祈祷上获得好运的地方。

大结局之后，那些电视剧并未继续拍下去的故事，未必

Part 2
特别有意思，搞笑又心酸

就是圆满的。

"万事胜意"这简单的四个字，是我们毕生的追求。

成长后的我才明白，人生没有完美的圆满，所谓的锦鲤无法带给我们成功，"嫁个好人家"也没办法给我们漫长的人生带去真正的圆满，我们要坚信人生就像是一场马拉松，想要让人生一直活成走大运的样子，你就得一直跑下去。

转发某个微博中了个奖，考试遇到的题目刚好是你进考场前临时抱佛脚最后看的那道题，这样的幸运可以靠老天一两次打瞌睡获得，但若是想要获得长久的好运，终究离不开长久的努力。

好运还有一个名字叫努力，只是很多人不知道这一点，大多数人还是把"运气"当成可以轻易获得的神奇存在。

◆ 有哪些好的解压方式?

年少一点的时候,遇到难关或者压力时总喜欢找朋友倾诉,希冀能被别人安慰到。稍长大一点,才发现人生就是一条孤独之旅,这世上几乎没有人可以感同身受的理解你。

后来我慢慢学会了自我解压,所谓自我解压,不是自己把压力完全消解,而是在这纷繁复杂的世界里,找到自己与压力相处的平衡点,纵使压力依旧在,也不影响我们接下来按照原有的计划好好工作好好生活。

接下来分享几条个人认为行之有效的自我解压方法,虽然不能让大家完全丢掉压力,但这些方法或许可以给大家提供很多思路,让我们可以更勇敢地去面对生活的压力。

Part 2
特别有意思，搞笑又心酸

01 ~~~~~~~~~~~~~~~~~~~

看到别人比我们还辛苦，就不会觉得自己累了。

我微博其中一个分组里面关注的都是我很佩服、很想成为的人，每次内心能量不足的时候就会去那个分组里看一下，看那些比我优秀的人、比我漂亮的人、比我聪明的人也在为学习熬着夜，为工作操着心，为未来拼着命，就会干劲满满。

因为比你厉害的人，比你还努力，比你还辛苦，你有什么好抱怨的。

年少时以为的解压方式是玩闹，长大后发现能安慰一个人的不是"别太累，休息一下"，而是"你没必要自怜，更不必觉得全世界就你最惨，比你厉害的人比你活得还用力"。

看到别人都那么努力地朝前跑，也会觉得当下生活好像没那么累了，自己还可以往前冲一冲。人们常说的多和优秀的人、努力的人、积极正面的人做朋友，就是这个道理。

觉得累的时候，就去看看优秀且努力的人的生活状态，这比任何话语都能激励人。

02

解决掉那件让你此刻感到压力的事。

对于学生来说,生活中最大的压力是学业,是要准备某项考试;对于职场人来说,最大的压力来源于工作和工作沟通过程中的人际压力;对于所有人来讲,可能每个人对于未来和人生,或多或少都有些压力。

生活本就是充满压力的,人生的任何阶段都躲不掉压力,感到压力才是生活的常态。学生担心考试考不好,职场人担心KPI完成不了,都属正常心理,我们不必为某件事的结果过分担忧,更不必怀疑自己是不是心理脆弱不够坚强,偶尔的胆怯和不自信也很正常。只要在你担心的结果到来之前,你都在为之拼命努力,并通过自己的努力尽可能让结果朝着自己想要的方向发展就好。

当你脚踏实地,将时间、精力投入到让你感到压力的事情中,就不必有太多的焦虑和压力。

因为你知道你在努力、在争取。尽人力听天命,有时也是一种智慧。

面对压力最好的态度就是将心态放好，学会与压力和平共处，可以感知到压力，但不要因为压力而影响生活。

不要为还没发生的未来过分担忧，相信此刻脚踏实地努力的自己，也相信未来厚积薄发的自己。

03

如果不快乐，那就去运动。

有段时间我很迷恋在跑步机、动感单车上拼命跑拼命踩，流一身汗，耗光所有力气的感觉。

一来，我所有的情绪和压力都撒在了运动器械上，把那些没办法跟别人说的话，都默默地跟器械说了遍，释放压力的同时，还锻炼了身体，心灵和肉体都得到了满足。

二来，每次运动完都可以感觉到我的不开心、压力以及内心深处的戾气都随着汗水排了出来，让整个人从内到外都是平和安静的。

我至今依旧认为运动是释放压力最好的方式之一，无论是跑步、骑车、瑜伽等，只要你开始运动起来，之前的很多让你感到困惑的事情大都会豁然开朗。

运动会在帮你塑造身体的同时，也塑造着你的内心。

04

去找能帮你解决当下压力问题的人请教。

可以让我们感受到压力的事件无非就两类，一类是我们靠自己的努力就能解决的；另一类是自己没办法解决，需要请教身边朋友的。

而且我们内心也都知道，我们身边的哪些人是有能力帮我们解决问题，又愿意帮我们解决问题的人。

如果你真的处于第二种情况，面临不知道怎么应对压力时候，最好的解压方式就是找能给你解决方法的人请教。

向别人请教的好处是，要么他们用自己的语言安慰你，让你更豁达的对待这件事；要么他们就干脆给你解决方案，教你怎么做，给你建议。拿到有相关经历的人的建议，再用这份建议去解决你目前的压力,是比较高效的解决办法之一。

自己没办法解决的问题,礼貌客气地找别人帮忙,也不丢人。

05

给个机会,让影视剧教我们如何生活。

我心情不好的时候喜欢找跟我当下心境差不多的电影看电视剧。

比如之前有阵子很焦虑,非常讨厌快节奏的生活,就去看了《小森林》《菊次郎的夏天》《风平浪静的闲暇》《孤独的美食家》等,从电影中感受别人的慢节奏生活,学习他们的生活方式。

如果感觉生活不开心,我会去看《请回答1988》《很便宜,千里马超市》《机智的医生生活》等,又温情又好笑。

如果感觉不想努力,就会去看《给我翅膀》《绝杀慕尼黑》等,可以从中吸收很多小勇气,让我可以更勇敢地面对生活。

生活有时是很难，但给电影或电视剧一个机会，让它们治愈我们，让它们短暂的带给我们快乐和启发，这是成本很低，但很奏效的解压方式。

看一部好的影视剧，就像跟智者在交流。

其实一直以来，我常用的解压方式都很简单粗暴：

我几乎从不会把自己的压力迁怒到任何人身上，通常会选择"折腾"自己。如果我觉得让自己感到压力的事可以通过努力解决，那就加把劲，无论是改变自己，还是改变生活，反正要把那件让我烦恼的事解决掉；如果没办法用努力解决，那我会以更豁达方式让自己去接受这件事，去接受这样的生活。

我始终觉得，压力也好，磨难也罢，生活给我们抛出这些东西，都是希望我们在解决困难的过程中更好地认识自己，让我们清楚地知道自己想要过怎样的生活，让我们趁早学会面对人生更大更多的挑战，这个挑战是高的抗压力，是寻求别人帮助的能力，是自己解决问题的能力，也是更从容的心态，更冷静理性的处事态度。

Part 3
没错，爱情就是两个精神病互相治愈

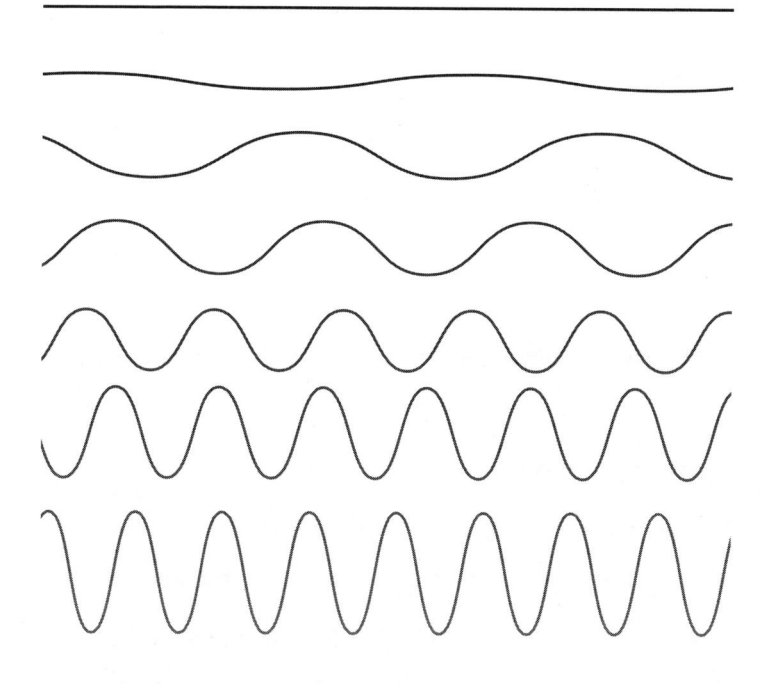

◆ 谈恋爱的，谁还没点毛病

01

看到过一个新闻：

有一对夫妻，女方是男方的中学同学，恋爱七年结婚，婚后女方工作稳定，在工作地有房两套，热爱生活。两人还共同孕育了一个男孩，在孩子四岁的时候男方出轨女同事，女同事上门挑衅女方，男方依旧熟视无睹，最后两人以非常不体面的方式离婚。

这个新闻当时在社交媒体上闹得很轰动，我和好友俩人都在关注这个新闻。

好友说："我不知如何处理亲密关系了，年少时看过的那些文章都说女性在亲密关系里要独立，要有自己的工作，要有自己的生活，男性总被思想独立且生活美好的女性吸引。我们女人如是做了，我们温柔体贴的同时还努力提升自己，自己挣钱，拥有自己的事业和兴趣爱好，尽可能去拥有作为一个社会人该有的社会地位。但即便把这一切都做了，到最后依旧在亲密关系中得不到一个好的结果。

"你说，在亲密关系中，我们女性到底该如何做才能获得长久、稳定的关系。"

答："不知。"

我是真的不知该如何解决这个问题。

02

最近一宿宿失眠，躺在床上左翻身，右翻身，就是找不到入眠的合适姿势。虽然尝试了一系列促眠方式，针对内心忧虑的自我开导也做了很多，但依旧不见睡意，内心反倒愈加脆弱、忧虑。

这次扰心的大部分原因来源于感情，虽学业、生活、工作都有很多需要我焦虑的地方，但学业和生活中的大部分事

我想活得像个皮球一样

情是只要我好好努力就能解决,但感情不一样。

我不知眼前这个人是否真的是最合适我的人,虽然我们相处得很好,但感情嘛,分歧是无可避免的。虽然分歧不大,但在很多个时刻,每每想起这种分歧,我心里还是会在意。

虽然我清楚成年人的感情都很现实,他身上的清醒、拎得清也是我最欣赏的地方,但真的谈起恋爱来,他对于爱情的清醒和理智,偶尔也会让我觉得有些许疏离感。我清楚我们是双方权衡利弊后的选择,但即便如此,我偶尔还是希望自己是被对方毫无保留的偏爱的。这种心理很矛盾,也很贪心。

我也担心过未来,热烈的时候,爱是真的爱,但等三年、五年、十年,乃至更久,新鲜感不再,到时我们又该怎么做才能拥有一段持久、舒服的亲密关系。

很多时候虽然我看起来勇敢无畏,但我的内心也是害怕的。之前有过的一点误会,让我不知道该如何面对他的家人,不知道以后如何跟他家人相处,不知道在我做了选择后,以后会过得比现在更快乐一点,还是更不快乐一点。

来源于亲密关系的恐惧,我不能告诉父母,怕他们担心,

Part 3
没错，爱情就是两个精神病互相治愈

我也没办法跟我喜欢的男孩说，只得一晚晚焦虑，无法入睡。

对年龄、爱情、婚姻的焦虑，是我之前没有遇到过的。

问了身边的姐姐们，才发现，这种焦虑，大多数女性都会遇到。

03

几年前认识的一个姐姐，她当时微信昵称中有"糊涂"二字。年少时对于很多事都比较较真，过分追求真相，无论是被伤害，还是被误解，都希望挣得一个"明白"。所以我一度不解为这个何姐姐要"糊涂"。

如今，终是明白了"糊涂"的好处。所谓"糊涂"，并不是傻，而是不要计较那么多，放过那些伤害我们的人或事，顺便也放过自己。很多事，想不明白便不想，暂且搁在一边。有些关系，看得太清楚也不好，模模糊糊，真真假假，反倒能过得更快乐。

不要想太多，糊涂一点，少点敏感，专注自身，专注生

我想活得像个皮球一样

活的快乐,才是最好。这也是我开导自己的方式。

无论爱情、婚姻还是亲密关系,看得太清,想得太多,反倒容易不悦,没必要对已发生的事耿耿于怀,也没必要对未发生的事过分担忧。降低期待,认真对待,好好去爱、去经营,剩下的时间,去学习、去工作、去挣钱、去玩耍。做到问心无愧,亦能宠辱不惊。

不要太强势,也不要让自己在感情中太受委屈。我知道其中的尺度很难把握,但正因为难把握,大家才总爱说感情是门玄学,毫无公式可循。也正因为难把握,我们才要在和眼前这个人的一次次相处中学会如何调整关系。

抱着终身学习的心态去好好跟眼前这个人相处,才是持久维持亲密关系的最好办法。

亲密关系这门课,偷不得懒,也无懒可偷。

那些能长久保持的关系,并不是关系中的人更优秀,因为分歧会有,吵闹会有,失望也会有,只是他们在每一次争吵、别扭后,总有人会愿意主动跟对方服个软、认个怂、低个头,而另一个人也不会恃宠而骄,看到有台阶可以下,也会赶紧下来。

Part 3
没错，爱情就是两个精神病互相治愈

最重要的是，在一段关系中，不是某一方一直退让，那个被哄的人下次也会成为主动服软的人。

最开始写这篇文章时，本是有点焦灼的。虽然我没直接承认自己对婚姻的焦虑与恐惧，但我对即将进入的一段长久的亲密关系，内心也是充满恐惧的，我怕自己做不好很多事。但行文至此，那口压在胸口久久无法舒缓的气，终于能呼出来了。不是男孩做了些什么让我感动的事，也不是我一瞬间参透了亲密关系的奥秘，只是我突然想通了一件事："没有他"不会比"他在旁边"过得更好。或许，这就是爱的持久动力吧。

哪怕争吵、难过不可避免，但在我们心中还是觉得对方是自己最想要留住的人。

这就是爱。

◆ 成熟的情侣应该是什么样的?

跟我的男孩说:"我要写一篇文章'成熟的情侣应该是什么样的',内容打算写我们相处的故事。"

他说:"这就感觉成熟了吗?我觉得我们还有继续进步的空间啊。"

坦白讲,作为一个"一旦喜欢上,就会觉得自己的这份喜欢是最好的"感性双鱼女,听完他回答的那一瞬间,我心中是有点点郁闷的。

大多数男生,若他们女朋友跟他们说要写一篇关于他们感情的文章,还会发表出来,会被很多人看到,多数男生的内心估计会偷偷开心。而不是像我的男朋友一样,很直的说一句"我们的感情这就成熟了吗"。

但后来想想,正因为他跟大多数男孩不一样,很务实,所以他不会为了哄我开心说一些好听但没任何用的"花言巧

Part 3
没错，爱情就是两个精神病互相治愈

语"；他不会为了图我一时的开心，答应做他没办法做到的事；更不会在吵架时，为了赶紧结束争吵，不去搞清我们彼此为什么出现分歧，就赶紧低头认错。在这个问题上也是如此，他不会因为我觉得怎样好，就掩盖自己的想法，顺着我的话说一个我喜欢听的回答。

他的这些行为、言语，跟前几年盛行的那种"如果一个男人喜欢你，会千方百计对你好""真正喜欢你的男人，会时刻在意你的情绪""真正喜欢你的人，不会让你有一点不开心"是相悖的。

越长大，越明白，我们想要的并不是特别擅长说甜言蜜语的另一半，我们更想要那种知行合一、说到做到的爱人。

我们都是成年人，不需要对方无条件的纵容，而且哪个工作繁忙、又有事业心的男性，会把所有时间、精力都放在一段爱情里。

在一段恋爱里，我们也撒娇，也黏腻，但不在一起时，我们也能是独当一面的大人；我们虽然爱听漂亮话，但我们不需要对方时刻说些好听话哄着我们，比起听漂亮话，我们更想倾听对方的真实想法，更想听一些能让我们关系更融洽

但不那么好听的建议。

就像我和男孩的相处,吵架时,他更关注我们彼此的情绪点在哪里,更关注我们为什么会误会对方;他从不随便答应我什么,但答应我的事,基本都做到了;他很少会把"喜欢你""爱你"挂在嘴边,但他会带我见他的朋友、家人、同事,会规划我们的未来。

我们也有吵架时刻,彼此身上都有各自的小缺点,但这些优点缺点加起来才是活生生的我们。

选择一个人,接受他的好,也接受他身上存在的缺点,如此才是成熟的爱情。

虽我们这段感情还有很多需要提升的地方,但我们之间的一些相处技巧,还是可以跟大家分享一下。

01

吵架不隔夜。

有朋友看到我和男孩感情很好,很好奇地问他:"你们

Part 3
没错，爱情就是两个精神病互相治愈

之间吵架吗？"

男孩说："吵架啊，但是我们吵架从不隔夜。"

每次吵架之后，都会弄清楚对方为什么会产生情绪，想出解决问题的办法，该道歉道歉，该认错认错，然后彻底消解对方的情绪，最后为了出现的问题制定出新的相处原则和底线。

总之一句话，不管因为什么事情吵架，在晚上睡觉前，我们都要解决好。

男孩说："带着难过睡觉，难过会放大，会更加难过。"

这句话我是赞同的。

一段感情，若是出现矛盾，一方逃避，另一方不沟通，以图把矛盾糊弄过去。但有些东西，你越想糊弄过去，越是糊弄不过去。尤其是女生，吵架时，你越给时间让她去冷静思考，她越会觉得你忽略她了，不关心她了，不爱她了。

吵架时间拖得越久，问题越会变得严重。

有些问题，即便当下看似糊弄过去了，但由于问题的根源依旧存在，随着时间的拉长，这个问题反倒会被放大，慢慢由表面的问题变为内在的问题。问题越积越多，越来越难解决。

问题攒多了,就变成失望。攒够了失望,一方就要离开了。

很多时候,一段感情没办法继续,并不是发生了多大的矛盾。很多感情都是因为一些没及时解决的小事而毁灭的。

若是真的珍视一段感情,那就有事好好解决,有话好好沟通,不要让你们的吵架隔夜。

02

拥有一颗包容的心。

年少时,对爱情有点理想主义,总觉人生那么长,一定要找到一个完美爱人,谈一段完美爱情。

稍成长些,慢慢明白,这世上并没有完美的爱人,也没有完美的感情。

无论跟哪个人谈恋爱,总会遇到各种问题。因为彼此性格不同,各自生活习惯不一样,成长经历不同,在生活中总有些避免不了的摩擦。

Part 3
没错，爱情就是两个精神病互相治愈

　　那些能长久发展下来的感情，大多数并不是感情中的两个人完全合拍，而是那些擅长经营感情的情侣，彼此懂得相互包容。

　　我知道你工作压力大，工作之余喜欢打游戏放松一下，所以我不会在你打游戏时怪你不陪我；你知道我独来独往习惯了，遇到很难过的事宁愿自己死扛，也不愿意跟你说，起初你很生气，觉得我不信任你，不把你放在心中，后面你慢慢了解了我的逞强，不再责怪我不跟你说，而是慢慢引导我，让我慢慢愿意跟你说很多很多事。

　　我知道你的一些缺点，你也知道我没那么完美。虽然我们是不同的两个个体，但我们选择包容，而不是改变对方。

　　可能很多人都不太认同"感情需要糊涂"这句话，但现实的确如此，糊涂点爱人，对爱人、对爱情包容点，往往能爱得更长久，更快乐。

03

与异性保持距离。

互联网的快速发展，认识新朋友的渠道变得越来越多，周围的各种诱惑也越来越强。

本不想提"与异性保持距离"的，总觉得"与异性保持距离"是十八岁时的原则，十八岁时，我们会因为对方和异性走得太近而吃醋，会因为对方有异性好朋友而不开心，会因为对方关心异性而生气。但想到那些让我们对爱情失望的新闻，还是决定再强调一下这一点。

"与异性保持距离，对一段感情忠诚"，是恋爱最基本的底线。

虽说安全感是自己给的，但一段成熟的恋爱中，双方也需要给足彼此安全感。若决定开始一段恋爱，主动跟身边异性保持距离，也是你对爱人的尊重。

爱得专心、忠诚，是当代很重要的一种品质。

Part 3
没错，爱情就是两个精神病互相治愈

04

我们既相爱，但彼此又是独立个体。

成熟的情侣关系是，互相依赖，但又彼此独立。

我们有各自的工作、事业、热爱，在各自领域里，我们都有自己的骄傲。我们有各自忙碌的事情，不会一谈恋爱，一颗心就挂在对方身上，不会时刻盯着手机等对方回复，更不会在恋爱中失去自己，失去理智。

我们爱得清醒，但也独立。离开这个人，我们依然可以生活得很好，但即便如此，我们还是选择跟某个人在一起生活，这就是我们的爱情。

年少时羡慕那种"哪怕你是一个废物，我也要爱你爱得要死"的爱情，那时觉得爱无所不能，爱情就该如此无私且纯净。

长大了之后，清楚明白这世上并不存在"灰姑娘和王子"的美好爱情故事。成年人的世界都是慕强的，我们都喜欢优秀、厉害的那一个，这一点男女皆是如此，谁都不例外。

所以别寄希望于遇到一个"哪怕你是垃圾，也会爱你爱

我想活得像个皮球一样

到不行"的白马王子。

　　虽然你变更好了也不一定能遇到更好的爱情，但你不变得优秀，肯定遇不到你想要的爱情。

　　很长一段时间里，我都觉得成年人是没有爱情的，总觉得权衡利弊后做出的选择不叫爱情。

　　如今长大了，虽依旧相信爱，相信美好，但更加相信成年人的爱都是有条件的。一个优秀的人，更大概率会爱上另一个优秀的人。

　　一个思想成熟的人，更大概率会爱上另一个成熟的人。

　　想要拥有成熟的爱情，就先让自己成为一个成熟的人。

◆ 你所谓的平淡，其实是还没来得及理解的爱

01

前几天跟几个朋友一起吃饭，聊着八卦，谈着彼此的感情故事。我们开玩笑说好奇博士师兄的爱情故事，嚷着让师兄跟我们讲讲自己的爱情。

师兄倒是淡定，只一句："我们现在这个年纪谈恋爱，跟十八九岁的感觉是不一样的，也不会像十八九岁时那般喜欢一个人，恨不得把一颗心挂在对方身上。我们现在谈恋爱，只是为了找个伴，找个各方面都合适的人互相陪伴。"

在场的几个年纪相对比较小一点的朋友开玩笑说着博士

我想活得像个皮球一样

师兄的想法真老派,在她们看来,"找个伴"这个词怎么听都觉得过于平淡太无味,爱情就该是轰轰烈烈的,就该是需要为对方而情绪波动,会为对方没及时回复消息而沮丧,会因为分开时间太长,见不到对方而难过。

在一旁听着她们讨论着爱情,我没插话。等她们说完了,我只淡淡对师兄说了句"我还挺赞同你说的"。

年纪稍小一点时,也觉喜欢一个人就得轰轰烈烈,就要带着百分之百的热情和喜欢。那时理想的爱情是,我喜欢的那个人定要把我放在心尖,要处处以我为主,要时刻关注我的感受,要非常喜欢我。

后来,也喜欢过这样的男孩,对方对我很好,但也总有些时刻他要忙自己的事,不可能时刻陪在我身边。那时的我会因为对方没及时回消息,而一遍遍打开与对方的聊天对话框,会切掉网络再打开,会一遍遍刷新着网络,检查对方有没有给我回消息。这个过程中完全做不了任何事,直到对方回了消息;因为对方和异性朋友一起吃饭,心里很不舒服,很吃醋;会因为对方无意间说的一句话而辗转反侧不能入睡;因为太患得患失而慢慢失去自己的生活。

Part 3
没错，爱情就是两个精神病互相治愈

02

年轻时因为一段感情而浪费大好光阴，丢掉学业和工作发展的可能，放弃生活的各种可能性，把所有未来赌在一个人身上。但爱情终有消失的一天，生活也会越过越局限。因为一个人，放弃自己所有的发展和可能性，真的很傻。

后来慢慢想明白了，还是要去爱，但是没必要也不能够再爱得那么满。

二十二岁的时候，因为怕爱得太上头，我就觉着这辈子我们就得跟一个自己没那么喜欢的人在一起。如此的话，就不用分出太多精力给爱情，也不用耗费太多心血去为爱情难过、委屈、伤心。

二十四岁的时候，我一直困惑为什么感觉身边的人从相恋到结婚那么容易，为什么别人的感情看起来总那么顺利，而自己如何都没办法喜欢上一个人。身边也不是没喜欢我的人，只是我真的没办法跟那个不喜欢的人在一起。

二十五岁的时候才终于慢慢明白，人生那么长，还是得跟一个自己喜欢的人在一起，要不然漫漫人生得多无趣。但

我想活得像个皮球一样

那份喜欢也不再只是单纯的喜欢，更是多了一份成熟的考量，而我，需要的是成熟的喜欢。

成熟的喜欢是我依旧很喜欢你，但在这份喜欢中，我有自己的分寸。我允许自己对你依旧保持百分之百的喜欢，但我的世界里不能只有你一个人，我还得有能够一起吃饭逛街的朋友，有能够养活自己且能实现自我价值的工作，有一样值得自己骄傲的东西或者技能，以及永远都保留一份离开谁都能好好活下去的底气。

不是对爱情悲观，事先预判好爱会消失，所以做最坏的打算。而是在爱人时，还是会好好爱，只是心里要明白爱情的安全感终究得靠自己。

这份安全感不是对方的一句"我会一辈子爱你"，也不是对方此刻毫无保留的宠溺，而是哪怕有一天爱情消失了，一切都没有了，我们依旧可以过好自己的生活，心碎之余，依旧有朋友，有工作，有薪水，有爱好，有自己的骄傲。

03

人生的很多时刻，困住我们的不是旁人，也不是外物，而是我们自己。那些难过、委屈、患得患失情绪的最根本原因也是我们自己。说到底，在人间谋生的我们，每天都只是在跟自己斗争。

爱情里也是如此。

在爱情里，我们怕某个人不再爱自己的不安感，怕感情不再的患得患失，这背后的焦虑、委屈、吃醋、害怕，都不是也不能靠其他人解决的。即使是再好的另一半，也不能帮我们永久解决掉这些事。有些人生课题只能自己去解决，旁人帮不了。

该如何解决爱情里的不安感？

答：把注意力慢慢转到自己身上。

多去做，少去想，别去猜测对方在干什么，要么直接问，要么转移自己的注意力，找个自己喜欢的方式把时间度过去。

总之，让自己充盈起来，不要把一颗心完全放在一段感情中。

我想活得像个皮球一样

一次，两次，三次，等下次你再忍不住为感情而忧心时，总有办法让自己转移注意力，慢慢发现外面世界的精彩，明白没必要总去猜对方想什么，因为你也有自己的人生，你得让你的人生丰富多彩。

过程很难，但得一点点去学，一点点去做，去把握爱一个人的分寸。爱对方，也更好地爱自己。

04

我有一个表姐，儿女双全，事业有成，婚姻稳定。但每隔一段时间她就会去挑战一件自己做不到的事，非会计专业的她，自学会计，每年考几门，硬是把注册会计师证拿下了；她去学瑜伽，去减肥，去学舞蹈；她还花了几千块去报班系统学化妆，还考了个美容师的证书。

以前年纪小，总觉得她做这些事是为了让自己变好看，为了让自己充实，为了提升自己，让自己更有竞争力。

但前段时间的某个瞬间，我好像突然明白了我表姐做这些事背后的另一个原因。

无论是十八岁,二十八岁,三十八岁,哪怕我们学再多爱情秘诀,只要你还爱这个人,就会有伤心的时刻,为婚姻难过,患得患失、没有安全感的时刻。更何况,十几年的婚姻生活,新鲜感早已消退,感情早已平淡,彼此之间总有考虑不周伤害对方情绪的地方,总有那么几个瞬间担心躺在身边的那个人爱上别人。在爱情面前,不管多少岁,都一样。

在那些为不确定性未来担忧的时刻,也不能放任自己的患得患失,我们早已不是十七八岁的小姑娘,除了感情,我们还有自己的生活、工作和人生责任。

对于这样的情绪该如何处理?

去转移自己的注意力,去运动,去变美,去学新奇的技术。既可以提升自己,也给自己找个临时的寄托,寻找一下生活不同方面的乐趣。

通过一次次的努力,来让自己可以慢慢控制自己的情绪,控制自己的生活,控制自己的想法。虽然我们能控制的东西不多,但至少控制自己,我们还是可以做到的。

05

年少时以为找到一个靠谱、爱我们的人,这辈子就可以一直幸福下去。总觉得爱情、婚姻需要跟另一个人紧密挂钩。

但现在不这以为了。

虽然另一半在某种程度上影响着我们感情的幸福,但漫漫人生路,我们会遇到各种变故,会面对各种诱惑,又有谁能保证对方对我们的爱会一直不变呢。而且男女都一样,未来会产生变化的可能性都是一样的。我们也不能保证在接下来的人生旅途中,不管对方做什么,我们都依旧爱他。

看清人类感情是变化的,也就能慢慢明白,感情这件事终是我们无法控制、无法预测的。我们稳定的生活秩序,不能从感情中寻找,更不能从他人身上寻找,究其根本,还是得从自己身上找。

不寄希望旁人能拯救人生,我们的人生,只能我们自己负责。

◆ 为何谈恋爱前一定要问自己这几个问题？

"谈恋爱需要做哪些准备？"

看到这个问题后，特意和男朋友讨论了一下，因为我很好奇男生们的回答。

男朋友认真思考了片刻，而后回复道："首先，谈恋爱之前得想清楚自己喜欢什么样的人，至少得清楚自己希望自己喜欢的人身上有什么品质；其次，得搞清楚自己谈恋爱的目的是什么，是只想玩玩，还是想往结婚发展；最后，肯定也要考虑一下各方面的现实条件。"

男朋友说完，又把话题抛给了我："你觉得谈恋爱需要做哪些准备？"

我答："谈恋爱前，一定得清楚恋爱并非总会如我们期待那般美好，也并非都是甜蜜，不要期望会遇到百分之百的完美爱情。恋爱也有争吵，也有分歧，有脸红时刻，也有眼红时刻。无论是恋爱，还是婚姻，都不会如我们想象的那么美好，但也没我们以为的那么糟糕，一切都只是刚刚好。不要把感情想得太好，也不要遇到一点事就觉得感情太糟糕，刚刚好就挺好。"

如果只能给要步入恋爱或者婚姻的人写一句话，那么上面这段话就是男孩女孩们必须记住的话。

除了上面那句话外，我们还能再多说几句关于谈恋爱的真心话。

01

你是否做好准备在生活中接纳一个人？

每个想要开始一段感情的人，都应该问自己一遍这个问题。

所谓的"做好准备"分两个部分。

其一，你是否准备好了，你是否已经能很好地照顾自己

Part 3
没错，爱情就是两个精神病互相治愈

的生活、工作和学习，你的心态是否平和。如何评估自己是否准备好了，可以认真想一下，你遇到一个人，是希望那个人对你的生活锦上添花，还是希望通过他来拯救你泥淖般的人生。如果是前者，说明你已经准备好了，如果是后者，可能你还需要调整一下自己的心态。

雪中送炭的爱情固然美好，但能长久的爱情肯定是锦上添花、强强联合的。每个人都有自己的软肋和难关，周全自己的人生已属不易，谁又能分出有限的精力去周全另一份人生呢。

虽然很多人都自称是真正爱你的人，不会怕麻烦。但我肯定的是，不断用"麻烦"去考验感情，得到的只能是一地鸡毛，因为没人真的会长久爱一个总给自己找麻烦的人。

照顾好自己再去谈恋爱，这样的感情能走得更远。

其二，你是否准备好挪出你的部分精力给爱情，让渡出你的部分时间和空间给你所爱的那个人。

我们都在讲感情相处，但感情相处是需要时间成本的，爱玩游戏的男生可能需要挪出自己一部分游戏时间陪女朋友，爱看剧、爱自己玩的女生也需要挪出自己的一部分时间

和男朋友相处，工作忙碌的上班族也需要抽出一部分时间去陪自己的另一半。

这世上，没有真正不需要他人陪伴的人，也没有不用花费精力、心思就能相亲相爱的感情。

02

你是否清楚你想要什么样的喜欢？

十七八岁的时候，喜欢一个人就是想跟他说好多好多话，想经常看见他，想要待在他身边；二十出头，尝过爱情的苦，或爱而不得，或为爱红过眼，喜欢那个对自己很好的人；等到再大一点，对自己好这件事，自己也可以完成，喜欢的人就是那个相处起来舒服的人。

喜欢一个人的状态很多样，虽然我没办法用几句话就概括出爱情的样子，但我能肯定的是，当你真正喜欢上一个人时，是既自卑，又勇敢的。你会被他牵动内心，但在很多时候，一想到他，你又会多很多勇敢。

但我们也得承认,这世上,还有些喜欢会让我们讨厌喜欢上他们的自己,会让我们感觉自己陷入了泥淖。对于这样的喜欢,我们也要有尽快止损的能力,停止喜欢一个糟糕的人不可耻,及时止损是成年人应该有的智慧。

"喜欢"是一件很难的事,"不喜欢"是一件更难的事。

既然如何选都会开启爱情这场游戏,既然都已经做了很多很难的事了,那也不差这么一件两件,所以如果可以,还是选一个好的爱人,谈一场好的恋爱,拥有一份美好的喜欢。

03

你是否清楚爱情的本质?

爱情,不是你爱我,我爱你,一起亲亲抱抱举高高,从此过上童话里公主和王子那样的幸福生活。

现实的爱情是,我们会遇到很多需要磨合的地方,很多分歧的时刻,很多孤独的时刻,我们会笑,但也会哭,我们

◆ ◆ ◆ ◆
我想活得像个皮球一样

会说"我爱你",但也会说"我很难过",我们会说"我想和你就这么一起走下去",偶尔也会冒出"我们真的能一直走下去吗",我们有时爱得很坚定,有时又会摇摆,会怀疑,会不确定,会痛苦,会难过。

哪怕你和喜欢的人在一起了,你今后的人生也会有很多烦恼时刻——这就是爱情的真相。

所以越来越觉得,和喜欢的人一起经营感情,看似好像是在跟对方相处,但归根结底,我们都只是在与自己相处。

恋爱说到底就是自己与自己的一场持久战,看自己在这段感情里的状态是否是自己喜欢的样子。随着感情的变化,看自己是否有足够的办法不断地把自己的状态调整成自己喜欢的样子。

毕竟,人和人,人和世界的摩擦,百分之九十五都可以归结为自己和自己的摩擦。

没有一劳永逸的爱情,也不存在恰好长成你喜欢的样子的人。爱情是热闹的,也是孤独的,重要的是我们如何让感情变得丰盈。

男朋友听完我对爱情的看法,他说:"我感觉这不是你说话的风格。"我问哪不像。他说:"你是励志作家,一直以为你对什么事都很积极向上,竟也会说出这种丧丧的话。"

我说:"大家很容易误会我没吃过苦,所以总能生活得积极、美好,但我的积极比较特别,我是认清生活艰难的本质后,依旧选择怀抱期待、憧憬去热爱生活。"

对于爱情也一样,我深知人类的感情都很复杂,没有哪一份感情是简单的。只是知道这一切后,我的选择不是害怕,也不是退却,而是清醒认识,做更好的准备,用更强大的内心去面对未知。

对爱情抱有期待,但不要太把恋爱当成魔法;要开开心心的拥抱,也不要后悔自己的每一次心碎与难过;认真地说喜欢,也尊重每一个说"不喜欢"的时刻;不要怕心碎,但也不要毫不介意受伤。

可以很爱很爱一个人,但爱他的同时也要记得好好学习,好好生活,好好工作,好好爱自己。

我想活得像个皮球一样

◆ 相爱就是两个人互相治疗精神病

"在爱情里，如何相互治愈？"

看到这个问题，脑中突然想到一个人，顺带着想到一句当下特别想跟那个人说的话："遇到你之前，我从没想过有一天我会跟你这样的人相处；遇到你之后，曾经那么坚强，打碎牙都只会默自往嘴里吞的我感觉自己又变成了个小女孩，开始会喊疼，会跟你说自己很难过，会故意跟你撒娇，会向你展示我的笨拙与脆弱。"

我想，这就是爱情里的治愈。

所谓爱情里的治愈，并非是我们在爱情里受过什么伤，在遇到那个人之后，他慢慢治愈我们，让我们再次变成一个敢爱人也敢说爱的人。

但这不是我想说的"治愈"。

我眼中爱情里真正的治愈是，跟这个人在一起后，我们都回到了自己最本原的样子，都能重新变回彼此眼中的小孩。能直接跟对方说出自己的想法，也能保护对方心中的那个小孩；能肆无忌惮的大笑，也能让对方知道"我现在有点难受"；能一起做很傻的事，也能很现实、坦诚地聊爱情、婚姻、未来；更重要的是，跟这个人在一起后，你那一直很没有安全感的心突然觉得很踏实，哪怕他什么都没做，哪怕他什么都没说，但你跟他相处时就是觉得很踏实。

我以前觉得爱情里的治愈是顺其自然，是如果我足够幸运，就能够遇到那个能治愈我的人，不管我遇到什么伤心的事，他都会用他的行动来治愈我。

但我现在更坚信，能否遇到那个在爱情里治愈你的人，也是需要自己努力的。虽然这世上不存在天生就跟我们合适的人，但我们可以试着努力让对方成为那个对我们知冷知热的人。

具体做法如下。

我想活得像个皮球一样

01

想让对方给足你安全感，请先给足对方安全感。

库利提出过一个"镜中我"的理论，说他人就像一面反映自我的镜子，我们通过这面"镜子"来认识和把握自己。

在这个语境下，这句话可理解为：我们本身就像一面镜子，我们另一半对待我们的态度，很大程度也取决于我们对他们的态度。

如果想拥有一段有足够安全感的亲密关系，那么最开始我们就要足够坦诚，给足对方安全感。

就比如我和我的男孩相处时，我们最开始的相处模式就是，正跟他聊着天的时候，突然要跟项目组的异性聊一些相关工作，我会直接跟他说"我需要跟×××聊工作，等我们聊完了我再跟你说"。有时若是在跟对方语音通话，讲到一半我还会跑去截个图发给他，然后吐槽一句"我还在继续聊这件事"，还会配上一个可爱的表情。

我给他的这份信任他收到了，在接下来的一些相处中，他也会给足我信任。

Part 3
没错，爱情就是两个精神病互相治愈

有次他给我分享他看到的一个特别搞笑的视频，我故意开玩笑打趣他说："现在很多平台都是算法推荐内容给我们，你平时爱看什么视频，别人就跟你推送什么视频，瞧你收到的是小姐姐的视频，平时肯定喜欢看小姐姐们，所以算法都记住你了。"

那时我们刚认识没多久，但他特别可爱也特别较真的录了个屏，给我看他视频软件连刷十来个的内容，录完屏发给我说："你看，我就说我平时关注的都是NBA和一些游戏吧，没有小姐姐。"

这是很小的一个举动，是现在很多成年人都不屑于甚至觉得很幼稚的行为，但我却挺感动的。

也是基于这些小事，我们越来越相信彼此，也慢慢在这段关系中找到了安全感。通过两个人一起努力，去构建彼此共有的安全感，也是能解决我们在感情里缺乏安全感的根本办法。

所以，若想要那种能让你感到很踏实很治愈的恋爱关系，请先做一个让对方觉得踏实的人。

02

想要坦诚且无话不说的恋爱关系,请先成为一个坦诚的人。

我经常跟朋友说,我在感情里是一个特别"直"的女生。

很多女生对另一半好奇但又觉得问不出口的问题,我都能很坦诚的直接跟对方讲。我会尽量不让我们两个人在这段关系里陷入一种尴尬或误会的氛围。

比如我们刚认识时,他跟我说:"我不太知道怎么跟女孩聊天,想了半天也不知道跟你聊什么。"我觉得这个男孩蛮有趣的,能很坦诚地说出自己的想法。

我也能很坦诚地跟对方说:"我也是第一次这样认识一个男生,也没什么太多经验,我们就随意一点,互相包容,互相理解。"还配上哈哈哈的表情。

他的职业比较特殊,也不知道他什么时候比较闲一点,刚开始认识那会儿都不太敢随便跟他发消息,怕打扰他,可偶尔也很好奇他在干什么。所以我也没扭捏,大大方方地跟他发消息分享我此刻的生活,说完我想跟他说的话,在末尾

**Part 3
没错，爱情就是两个精神病互相治愈**

再补一句话："大家平时工作、生活、学习也都挺忙的，所以我们彼此也不要太拘束，看到对方消息有时间回复就可以啦，随意一点。"这句话也是给我自己找了个台阶下，缓解我当时有的一点点小尴尬。

他特别好的地方就在于他能理解我说这句话背后的局促，也能很及时的给我反馈，跟我说："我没觉得我跟你相处时很客气呀。"氛围一下子就打开了。

偶尔聊到很难回答的一些问题，我不会无理取闹非要他给一个确切的结果，他在感受到我很难回答，或者只要我说一句"这个话题聊得我有点难过"，他就会马上把这个话题转过去，直接说一句"那我们聊一些比较轻松的话题吧"。

虽然这个转折很直接，但我能感受到他很在意我的主观感受，他在努力给我们的相处营造一个轻松自在的氛围。

我们刚认识时的相处模式就是这种很直接、坦荡的，不会去猜对方的生活或者想法，有问题直接去问。我们彼此也很坦诚，对方问到的问题，彼此也愿意给出当下内心最坦诚的想法。

我曾经是一个跟异性相处会有点拧巴的人，会不自觉的做作和矫情，甚至会不自觉的希望对方能无条件的宠我，像偶像剧那样。而且我在感情里曾经很善妒，只要对方稍微让我感觉到一点没安全感，我就会患得患失，会担心对方会爱上别人。这让我一度很讨厌喜欢上一个人的自己。

但是跟这个男孩相处后，我变得很喜欢现在的自己，在这段感情里，我的拧巴、纠结、善妒，以及时不时在爱情里为难自己，给自己找不开心的心理都消失了。在他面前，我很坦荡，也很自在。

这份自在的背后，离不开我们双方的坦诚。

两个彼此都坦诚的人在一起，才会有坦诚的感情。

03

想要你向往的那种甜甜爱情，请先拥有甜蜜爱情里主角的技能。

最近一段时间，小甜剧很流行，大家都想要拥有甜蜜的爱情，想要遇到一个眼里全是自己的男主，来无微不至照顾自己，体贴自己，关心自己，治愈自己。

爱情故事中女主角，什么都不需要做，就会遇到一个完美的男孩。

但在现实生活中，根本不存在自己丝毫不付出，就能遇到对你百分百体贴的异性。

拥有美好爱情的前提是，让自己成为一个能治愈对方的人；拥有能治愈你的异性的前提是，自己有能力去给对方一段治愈的爱情。

不单是女生，很多男孩也希望自己能遇到一个可以能治愈自己的女孩。

调整心态，懂得付出，并愿意付出，能看到对方的好，可以陪伴对方度过那些难过的瞬间，这才是获得好的爱情的心理前提。

不要再期望去遇到一个能治愈你的人，而是先努力让自己成为一个能治愈对方的人。

在感情里，一方治愈另一方的同时，也在治愈着自己。

我始终觉得两个人在感情里的相处模式，是由他们认识之初的相处模式决定的。

••••
我想活得像个皮球一样

　　两个人在感情里的相处也是有制度的，其中的制度肯定是其中一方潜移默化用语言或者行动去制定的，而后被另外一个人默认接受的。

　　若你想要治愈的爱情，不妨先试着努力去用你的行动或者语言去引导对方一起制定治愈的规则。

　　感情是流动的，每一段关系也是可以不断被重新塑造的。

　　爱情里相互治愈的本质是，你包容我，我能看到你的包容；你理解我，我感激你的理解；你能懂我，我感激我们的这场遇见。

　　所以不要再去羡慕别人的爱情，去努力跟对方一起营造你们想要的爱情。

　　要相信，人生那么长，你总会遇到一个愿意跟你一起制定你们感情规则的人。他会懂你的坚强，会明白你的委屈，看穿你的逞强，也会用他的方式去保护你的骄傲。

Part 4
小时候真傻，居然想快点长大

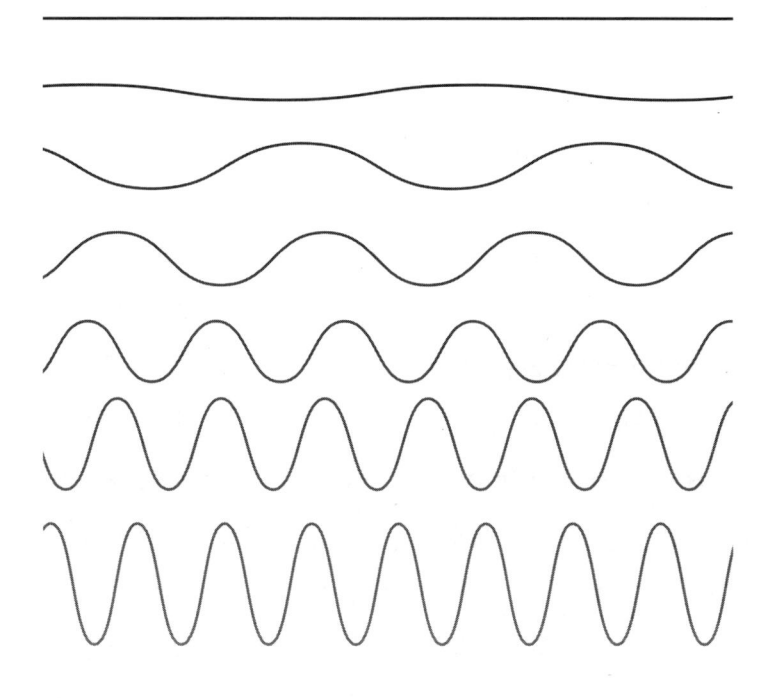

◆ 做更好的自己，争取更好的生活

01 ~~~~~~~~~~~~~~~~~~~~~~~~~~~~~~~

在现实社会中，很多家庭背景比我们好的人，比我们还努力，也比我们还优秀。

我的本科学校是在一所普通的"双非"大学，身边同学的家境大体差不多，大多数人的父母都是普通工薪阶层，为数不多的几个父母在三四线城市体制内工作的同学，就已经是大家眼中家境还不错的人。

父辈们的生活方式，在某种程度上也影响着我们对生活的看法。十八九岁的年纪，尚未见过更广阔的世界，不知人生的活法有很多种，从小看着自己的父辈们靠着辛苦劳动赚来看着还不错的工资，觉得这样的人生也是可以过的。

加之普通工薪家庭培养出一个大学生也还是一件不容易

且值得骄傲的事。对于我的很多同学来说，他们相比周围的同龄人已经厉害了很多。相比他们的父辈，他们的人生也进步了很多。所以很多同学会在考入大学后，就会觉得自己的人生已经足够满足了。

大学期间，没课的日子经常睡到自然醒，然后在宿舍打游戏，抽空吃个饭，看剧，逛淘宝，刷网页。等到毕业，再找份差不多的工作去做，谈不上多喜欢，也无关梦想，只是为了拿一份能养活自己的薪水。大多数人的生活如是。

按照世俗的标准来说，我的很多本科同学毕业后的工作并不是特别好，他们有的在做销售，有的在培训机构上班，有的是普通公司的普通职员。

虽然这么赤裸裸的用自己的主观标准去评价别人的人生很不好，虽然每个人的生活都值得钦佩，但是谁也不能否认，人性都是自私且媚强的，如果可以的话，我们都希望拥有更好更体面的工作，拥有更丰盈的生活。

02

读研期间认识的很多朋友的生活，是另外一个样子。

可以很明显地感受到，能读到硕士研究生、博士研究生的同学和师兄、师姐们的家庭背后的文化底蕴，是更足的。

我的一个博士师兄，刚开始认识时就觉他特别谦逊且聪明。硕士研究生期间，他就发表了好几篇核心论文，读博时他又是老师信赖的左膀右臂。他的学术能力和工作能力都很强，情商也极高，即便如此，他依旧很努力，看书、看论文到凌晨一两点是常有的事，有时为了弄懂一个要点，能连着几天没日没夜地看那些很厚很难懂的专业书。

现代人身上的那种浮躁，在他身上完全看不到。

最开始因为不是很熟，只觉他身上的某些品质着实可贵。让一度带着刻板印象的我，觉得如此成熟、努力的男生肯定出自普通家庭。因为来自普通家庭，所以谦逊；因为见过父辈的辛苦，所以知道唯有努力才能改变命运；因为心中有一团火，有自己的追求，所以哪怕压力很大，也要继续读下去、学下去。

Part 4
小时候真傻，居然想快点长大

后来随着了解的加深，才知道师兄来自一个学术世家，他父亲是某高校的教授，成果丰硕，在学术界有一定的地位。

这样的例子不在少数，我认识的另一个朋友，父母是北京的公职人员，级别不低，家庭条件挺好。原本打算本科毕业后去国外读研，但因为疫情耽搁而留在国内的一所重点大学读研。他本人谦逊、努力，经常在课堂上说出一些很不错的观点，课后的时间看书、打球，生活中也很积极热心地帮助同学。

认识的另一个学姐，家庭条件很好，本科是在一所"211"大学读的，硕士研究生是在英国排名前五的学校读的，这样的简历在回国后借着家里的资源，找一份满意的工作是非常容易的。但她不满足于此，硕士研究生读完，回到国内又去读了个博。博士期间学业压力很大，正式毕业那年，因为论文没发出来，延毕了一年，但最后还是咬牙拿到了博士学位，找到了一份让很多人羡慕的工作。

认识这样的学长、学姐和朋友越多，越可以强烈地感受到，那些原生家庭已经足够优秀的人，比很多家境一般的人更懂得拼搏，更努力生活。

我想活得像个皮球一样

前几年很流行的一句话是"比我们优秀的人，比我们更努力"。但现在的情况是，不仅比我们优秀的人比我们更拼搏，那些社会资源比我们更好的人，也比我们更努力。

就像我研究生就读学校的学生，从大的方面来说，他们拥有更好的学历，享受着更好的教育资源，比普通学校毕业的学生，有更多可能性去拥有更好的工作和更好的生活。

但哪怕如此，他们在校期间，除了必要的休闲外，大家大部分的时间都是在图书馆待着，每天背着大书包，带上电脑和水杯，在图书馆一坐就是一天。看专业书，自己在网上找资源自学SPSS、PS、数据分析，去考各种证书，考雅思，或者去找实习公司去实习，不是为了赚钱，只为丰富自己的简历，为以后毕业找工作增加砝码。

他们虽也玩游戏，也追剧，也爱玩，但只是把这些当成生活的娱乐和消遣，更多时候还是在努力。

我读研期间认识到的很多学长学姐，还有很多本科生，他们毕业后，有去央媒工作的，有去国内知名传媒公司的，有去电视台的，有进互联网大厂的，有考上大城市的公务员的，有进高校的，有去政府部门的，还有很多去国企，去事业单位的，等等。

他们真的很努力。

03

讲这些不是为了告诉大家：出生决定眼界，家庭背景决定一生，以及学历决定人生高度。

虽然出生我们没办法选择，已有的学历也不能说改变就改变，但我们可以改变那些可以改变的。如果你此刻还是学生，那就好好努力，考个好点的大学，或者研究生读个好点的大学；如果你此刻是职场人，那就在你所在的领域深耕，总有一天你会成为所在领域内的权威。

我身边还有更多像我这样出生普通、各方面平平的人，我们靠着自己的努力和心中的那团火，以及对远方的渴望，已经突破了一些客观条件的限制。

优秀的人有优秀人的厉害，但普通人也有普通人的强大。

就像家境普通的我，依旧能跟厉害的师兄师姐们一起读

我想活得像个皮球一样

书,一起吃饭。吃饭时听他们聊自己父母的职业,自己的家庭,自己未来发展方向,偶尔开玩笑说一句"羡慕学术世家的大佬,给我抱个大腿""羡慕没有压力,不用感受内卷的人生"。

虽然我大多时候不插话,但也是不会被忽视的存在,他们会主动CUE我,也带着羡慕眼神看着我说:"我们长长的人生才值得羡慕,女作家,独立女性,写作、出书,回学校继续读书的同时,还能继续写作、赚钱、提升自己两不误,妥妥的名利双收。"

此刻所拥有的一切,无论是我写的书,还是"作家"标签,都是我自己努力得来的,是能够被看到的存在。这份"被看到"给足了我底气,让我清楚知道,他们很优秀,但我也不差。

比我们家境好的人,比我们更努力,想要拥有不一样人生的我们,也得更努力。不要自卑,也不要觉得自己不行,找到自己的擅长,把擅长发挥到极致,脚踏实地好好努力,终有一天,你也能底气十足地跟他们聊八卦,谈生活,讨论学术,畅想未来。

Part 4
小时候真傻，居然想快点长大

04

写这篇文章不是向大家秀优越感，而是想真诚地跟大家分享一下，一个普通女孩靠努力跨越阶层后所看到的生活样子，想告诉那些如我般普通的人：人生充满可能性，要努力护住心口的那团火；生为普通人，我们没资格偷懒；要努力站到一个更高的平台，无论是去更好的学校读书，还是去更好的公司上班，都一定要去多认识几个优秀的人，看看他们的生活是怎样的，千万不要被我们父辈的生活方式局限眼界。

关于眼界，我有一个亲身经历的故事。

去年跟大学老师一起吃饭，期间谈到了我之前考上了家乡体制内的工作，但因为想继续深造，于是不顾父母反对毅然放弃了体制内工作。我说："当时我父母可生气了，觉得我做了错误的选择，但我就是很坚持自己的想法，事实证明，这次又是我选对了。"

大学老师听完我说的，笑着接了一句："所以说，我们学生的眼界还是得放远点，眼界远点，格局也要大些。因为你见识过好的东西，看过很多精彩的活法，所以你能笃定你的人生还可以变得更好，也能更干脆放弃别人眼中很珍贵的东西。说到底，在你心里，你放弃的那个选项，其实并没有多么吸引你，也没多好。"

不要因父辈的选择而局限你自己的人生选择。

现在的社会很多元，除了少数原本拥有很多资源的人，更多实现梦想、让自己人生逆袭的人，靠的都是自己踏踏实实的努力。

相信时间的力量，也要大胆去做你想要的选择。

与其羡慕别人的人生，不如把自己的人生活成别人羡慕的样子。

虽然"普通"的人生也很好，但心怀小野兽的人，不能只过"普通"的人生。

Part 4
小时候真傻，居然想快点长大

◆ 不要害怕做出"不一样"的选择

01

上周参加了学院的研究生复试工作，刚好我被分配到考生的面试现场做记录。整整一天的面试中，有一个考生让我印象很深刻。更准确来说，她不仅仅只是一名考生，也是我的学姐。

学姐是2012年从学校毕业的，她很优秀，本科期间绩点年级第一，是学院唯一一个拿过国家级奖学金的学生。大四那年，她考进了省电视台，那时省电视台发展得很好，这份工作是很多人眼中的体面工作。

工作八年，学姐不仅获得过台里先进员工的称号，还拿到了编制，采访编辑了两千多条新闻。用学姐的话来说，只要她想继续在台里工作，她可以在那工作一辈子，虽然这几年电视台的发展没之前那么好，但挣得钱也能很好的养活自己。

在场的一些面试老师，有些还是学姐曾经的本科老师。老师们虽希望招到优秀的学生，但也都很为学生未来的发展着想，听完学姐的自我介绍后，有个老师就问道："那你考上研究生后，要从单位辞职吗？辞掉了这样的工作还是很可惜的。"学姐很肯定地回答说："是的，我要辞职，我想要寻求新的发展。"

老师说："你现在已经三十一岁了，等毕业就是三年后了，以你那会儿的年龄来说，找工作可能会有点难，可能再也找不到比你现在的工作更好的了。"

学姐说："老师，我想要重新回学校读书不是冲动做的决定，是经过认真思考后慎重做的决定。我觉得我还年轻，我还想挑战一下自己，去做一两件我没做过的事。"

学姐说这句话的时候，我还特别抬头看了下她的表情，她脸上的那种坚持、执着、笃定真的很打动人。

学姐结束面试后，老师们一起讨论学姐的情况，几乎所有老师都说学姐身上的勇气挺令人钦佩的，舍掉稳定且体面的工作，有点可惜，但这份勇气与魄力又让人佩服。

私下我和师兄们一起讨论过这件事，大家围绕的一个关键问题就是"她以后会后悔吗？"。

这个问题的答案，此刻的我们谁都不会知道，包括学姐自己也不知道。

02

前两年，我不顾家人反对，坚定要放弃体制内的工作考研。

当初决定放弃编制时，家里人都跟我说"放弃很多人眼中想要都要不到的工作，你以后肯定会后悔的"。

研究生复试时，老师们看完我的简历，说："你自己出过书，是作家，有很多篇文章发在人民日报、人民网、中国青年报上，是不错的独立撰稿人，你已经有了属于自己的写作事业，也有稳定的工作，你为什么还要来读书？"

我说："我担心有一天大家不喜欢看我写的东西了；也担心自己慢慢习惯稳定的环境，因为活得太安逸太舒服，再

我想活得像个皮球一样

也写不出那种有生命力、有力量的东西；更担心未来变化太快，如果不抓紧提升自己，会被时代淘汰。所以我想趁自己还年轻，趁自己还有一颗想折腾的心，去抓紧做一件一直以来想做但没做的事，想继续回学校读书，既为梦想，也为让自己多掌握一项谋生技能，更是为了自己未来长期可持续的发展。"

后来也有很多人问过我一个问题："你放弃体制内的工作，专心备战考研，还是跨专业，整个过程肯定挺难的，在考研的整个过程中，你有后悔过自己的选择吗？"

我每次的回答都是，我不后悔。

但坦白说，我有过迷茫的时刻，尤其在备考那段日子，夜深人静时，一个人孤独地坐在书桌前背着一条条知识点，背了忘，忘了还要继续背，在那些反复背又会一直忘记的夜晚，我时常崩溃大哭，经常怀疑自己，害怕自己放弃稳定的工作机会，最后却没有好的结果。

有一阵子很流行一句话："一把好牌，打得稀烂。"那段时间，我每次看到这句话都会不由自主地代入自己，忍不住自怜。回顾自己这几年的生活，二十岁时，相比同龄人我的起点还是挺高的,但好像我的人生并未如我预料一直走上坡路,中间摔过跤,走过不少弯路,到如今又回到原点,追求一个不知道结果的结果,内心极为无助。

直到我拿到研究生录取通知书,这份自我怀疑才开始慢慢消散。

03

那天听完学姐讲完自己的故事后,我的最后一点自我怀疑也完全消失了。

正如我的大学老师说的,当你身处原有环境时,你会觉得某个选择是最好的,舍弃这个选项你会很遗憾。但当你跳到更大更好的平台,见过更多的人,经历过更多的故事,你的眼界会变得更加开阔,再回头看原来放弃的那个你觉得还不错的选择,你会发现那个选择也不过如此。

人就是这样,看得少了,见得少了,就会陷入自己的固式思维,总觉当下的那个选择很好,舍弃会有很多遗憾。等

我想活得像个皮球一样

见识再多些,站到更高的维度,遇到更好的选择,会发现曾经不愿舍弃的那条路也不过如此。

后悔终究只是一个相对概念,当你没有更好选择时,你会觉得放弃这个机会好遗憾,但若告诉你,放弃这个机会后,你能得到一个更好的机会,那你肯定不会遗憾。

人总是贪心的,总想要追求更好的,我们都一样。

认识的一个朋友,"985"高校本科毕业后去深圳某"大厂"待了两年,后来觉得这终究不是自己想要的生活,遂辞职重回武汉准备考研。第一年考研失利,第二年考研还未出成绩时,他不止一次跟我说后悔曾经放弃那么好的工作机会,如果今年依旧考研失败,再回去重新找工作的话,就多了两年的空白工作期,肯定找不到像以前那么好的工作了,为此他曾多次陷入过自我怀疑中。

但最后结果是好的,他考上了全国排名前三学校的硕士研究生。

这样的故事,我身边还有很多。我的一个博士师姐在硕士研究生毕业后经过层层竞争,进入了所在行业内权威且知名的某媒体单位,工作一年,发现这不是自己想要的工作，于是果断辞职，重新回到学校读博。读博没那么顺利，在学校待了两年，做不出成果，担心没办法按时毕业。她的压力也很大。

你说她后悔吗？

我相信在很多瞬间，她肯定后悔过，放弃那么好的工作机会，走了一条未知的路。但倘若把这条时间线拉长些看，待几年后，她博士毕业，找到心仪工作后再回看这段经历，她还会觉得后悔吗？

在做某些事情的过程中，我们都会频频回头，怕选错，怕犯错，但等柳暗花明时再回看曾经的选择，一定会在内心庆幸自己当初的勇敢。

归根到底，我们怕的从来不是选择本身，而是怕自己做出选择后，没办法拥有更好的结果。但选择后，能否拥有更好结果的决定权在我们自己手里啊。想要好的结果，那就去播下好的种子，勤奋、努力地好好灌溉自己人生的这片天地。这些都是我们自己可控的部分。

我想活得像个皮球一样

04

总有读者留言问我,做想做的事,需要舍弃另一件事,还该不该去做想做的事。我不太敢随便回复读者应该怎么做,毕竟对我们来说,我们所做的每一个选择都很重要,都会影响我们的人生走向。

把我、学姐和朋友的故事都放在这里,不是为了告诉大家应该怎么做选择,而是想用我们真实的经历去告诉大家,人生还有很多种活法,从而给那些内心想要做出改变的朋友一点勇气。

◆ 两难的选择怎么选?

01

有读者留言问我:"研究生'三战',初试成绩不高,但可以调剂,要不要辞掉稳定事业编制去继续读书,追求人生理想。"

每年三四月,我的自媒体后台总能收到很多这样的留言。

一来,研究生初试成绩每年二三月份出,三四月正是调剂、准备复试的日子,但结果并未尘埃落定,谁都不敢说一定有好结果。在极度不安和焦虑的氛围中,对不确定的未来更易焦虑、纠结。

二来,我在文章中写过自己曾经辞去体制内的工作去考研的经历。所以当大家遇到类似问题时,就会来问我这个过来人。

前几年，我很喜欢回答这类问题，只要看到这类留言，就一定要问清楚读者的情况和个人想法，帮大家权衡利弊后给出自己的回答。当时给出的回答基本都是肯定的，要么支持继续工作，要么支持去读书，绝不模棱两可。

后来经历了一些事，看到了很多社会现实，心境中不免会带点"积极的消极主义"，总觉不管做什么选择，最后都是会后悔的，重要的不是选择哪条路，而是不管选了什么，最后都要做到自洽，都不要后悔。人生重在自洽，自我圆满最重要。

所以那时总爱给提出相关问题的读者回复："不管选什么，最后都会惦记没选择的路，都会有那么几个瞬间后悔地想着，要是我当时选那条路就好了。既然人生总会有遗憾，那就选你当下最想走的那条路，然后坚定地走下去。"

这两年我的心境又发生了些变化，不觉得自己有这个能力去帮大家做一个正确的选择，也不会再绝对的说"不管选择哪条路，最后都会后悔"。见过越多人，看过越多事，越明白无论选择哪条路，想走好，过程都是非常辛苦的，都需要非常地努力。

这世上，不存在毫不费力做完选择就能变好的人生模式。

02

考研成功之前，我曾把人生所有的不圆满都归结为我没有读研，把所有因为不努力而错过的机会都归结为我没有受到文学方面的专业训练，所以我对社会的敏感度比那些我眼中做得好的同行低一些，我把所有的自卑都归结为我没有毕业于名校。

我曾固执地以为，只要我考研成功，我的人生就会变好，会赚更多钱，会拥有更光明的未来，写作事业也会迎来更好的发展。

当我真正考上研究生，重新回到学校读书，过上我曾经想过的生活，才发现"考上研究生"也并未真正解决我人生里的烦恼，甚至还有了新的焦虑。

人生不会像电视剧里那样，遇到一个武功高强的大侠就可以什么都不做，等他直接把自己毕生的修为渡给自己即可。

••••
我想活得像个皮球一样

考上研究生并不代表就直接掌握某项技能了，想要自我提升，还是要"啃"一本本专业书，经过一次次的实践练习。总之一句话，想要做出点成绩，依旧离不开自己的努力。

读书，也不像我们想象的那么轻松。有朋友看到我朋友圈发的关于美好生活的状态，跑来跟我说："真羡慕你，感觉你每天都不用学习、工作，也没有KPI，每天就到处吃喝玩，真轻松。"

但故事的B面是，那些我没有在朋友圈露面的日子里，要么在埋头看论文，要么在跟导师做项目，要么就是上课学习，剩下的时间就是在看书写稿子。也曾为了完成一个项目，熬夜到凌晨三四点；为了通过一门很难的考试，曾连续一个月每天早上七点起床去图书馆，晚上十点图书馆关闭再回宿舍；最忙的时候，从早晨起床之后，一直到下午四五点才有时间吃饭。

没有卖惨的意思，而且，惨的也不是我一人，身边同学、同门师兄师姐们都是这般过来的。

所以，若现在你再问我："是不是读完研究生，人生就一定会变好？是不是不读研，人生就一定完了？"

答:"不一定。"

人生有些选择很重要,选择对了可能会让你的人生受益很多年,但不管选择哪条路,过程也都会很辛苦,也会有各自的烦恼与焦虑,谁都不例外。

03

之前有杂志找我约稿,让我给他们杂志的重要栏目"作家写作课"写一篇稿子,以和学生写同题作文的形式,展示我们和学生不同的写作思路。

给到的题目很有趣,是一段材料:

人生多姿多彩,有人始终听从内心,活成自己想要的样子,有人放弃自己的人生,服从社会的安排,对于这两种人生选择,你怎么思考?

若我在十八岁时看到这个话题,肯定会觉得前者人生模式更好。甚至我脑中都想到了很多能支持第一种人生的观点:人生那么短,我们就要活成自己想要的样子;有梦

我想活得像个皮球一样

想就要去追求,有阻碍也要克服,如果人人都屈服于现状,爱迪生怎能发明出灯泡;如果年纪轻轻都选择不需要怎么努力的安稳人生,过着一眼就能看到未来的生活,得多无趣啊,等等。

年少时看生活,看到的要么是绝对的好,要么是绝对的坏。

但现在拿到这个题目,我的回答是:我尊重每一种经过深思熟虑后选择的人生,尊重每个人的选择。但如果让我选的话,我会努力去追逐自己想要的生活,当然我清楚不管是哪一种人生都会很辛苦,都需要付出很多努力,所以在追逐自己想要人生的过程中,我一定会非常努力、非常拼命;如若在我努力后依旧不能过上我想要的生活,我就会改变自己的心态,努力把当下的生活变成我喜欢的生活。

过自己想要的生活,爱自己正过着的生活。也是我这两年的生活座右铭。

不羡慕旁人的生活,不抱怨当下的生活,不让自己后悔,也不许自己后悔。无论做过什么选择,只要选定了,就坚定走下去,绝不回头,不动摇自己的意志,反倒会让内心更加坚定,认为自己当下的选择是对的,就是最好的,虽然辛苦，但只要自己再努力点，让当下生活再有点起色，生活就会更美好一些。

二十六岁的我终于明白，美好生活不在别处，而在我们正过着的生活里。将自己可控范围内的人生，变成最好的人生，就是美丽人生。

重回最开始的问题：两难选择怎么选？

这不是一个单独的问题，而是我们每天都在面临的问题。中午是吃面条，还是米饭；周末是去玩，还是去学习；有男孩表白，是接受，还是拒绝；老板给我一个不想干的工作，是接受，还是拒绝。两难选择，是我们人生每天都要面临，每天都在上演的问题。

粗略地看，选择安稳，还是选择理想，将是两种截然不同的人生。但我并不认为我们当下的某个选择就能决定我们的一生。人生压根不是某一个决定能决定得了的，人生靠的是我们一系列选择决定的。我们的每个选择都很重要，但也没那么重要，人生重要的不只是某一个选择，而是怎样把自己当下的选择变成人生中最正确的选择。

生活是流动的，一切都能改变，也来得及改变。

◆ 完了，生活不再眷顾我了

01

二十出头，我出版了第一本书，那时有个编辑跟我说："姑娘，你的这本书能卖得好，百分之八十是因为运气，以后若是缺了这运势，也会很快沉下去，所以你要擦亮眼睛找靠谱的编辑合作。"那个编辑当时是想找我合作出书，在这段话后又跟我说了很多，无一例外都是说他这个人靠谱，又策划了很多很好的书。

但很长一段时间内，我都不记得那个编辑后面说的话，只记得他讲的"运气说"。

二十出头，我还只是个大学生，无意间踏进名利场，收

Part 4
小时候真傻，居然想快点长大

获了些别人眼中看起来还不错的名利，但彼时尚未完整建立起自己的自信体系，心底还是自卑的，很容易听到一句话，觉得有点道理，就相信了。总之，在那之后的好几年，我笃信着"运气说"。

我忽略自己本身的努力，总觉自己能够被人看到只是运气够好，若有一天运势不再，我的写作能力也将失去，写的文字也不会有人看了。恰巧那几年是我刚大学毕业，生活变动最多的时期。

每次生活过得不如意、工作出现问题、写作遇到瓶颈时，我都会焦虑地想到"运气说"，一次次悲观地想着"完了，生活不再眷顾我了，这一天终究还是来了，是不是从此刻开始，我的人生就会一直走下坡路，高光时刻也不在了"。

很多时候，越是悲观地看待生活，生活就会越不顺。

所以那几年我过得很辛苦。而生活的状态投射到写作上，让我一度写不出东西，恐惧写作，差点放弃；工作上，总觉得自己这几年运气不好，什么都做不成，而一次次错过重要的机会；生活也不太顺遂，敏感、悲观、焦虑、恐惧时刻相随。

02

自我怀疑最激烈的时候,也是我写作上遇到最大瓶颈的那年,我选择辞职考研。虽然看起来有点逃避人生的意思,但其实不是。

当我跟家人说我想回学校继续读书时,他们都不支持。他们说,有份看着不错的工作,再用业余的时间写作,赚钱的同时还能兼顾爱好,是很多人都羡慕的生活,你为什么还要回学校读书呢,毕业后还是得重新找工作,还是得过上"工作—写作—工作"的人生,何必呢?

我没告诉他们的故事的B面是,我不一定非要继续回学校读书,但当时的我一定得找到一件事,并通过自己的能力把它做好,以此来让我知道自己还是不错的。只是那一年,我恰巧也想回学校读书,选择的自然就是考研。

我选择的还是跨专业考研,完全靠自己从零到一去学习一门专业，去建构自己的知识体系。过程比较辛苦，不仅要去学完全陌生的知识体系，还要完全掌握；要经历一遍遍背知识点，但依旧会忘记一部分知识点的焦虑，但即使焦虑，还是得逼着自己再去背一遍，直到背熟；要面对一次次的自我怀疑，不断给深夜崩溃的自己打气，告诉自己要振作。

看到学校官网的录取通知时，不似大多数考生的开心，我的第一想法是"看吧，我还是有实力的，就算处境再艰辛，靠自己的实力一样可以做成一件事"。

考上研究生后我心态上发生的最大的变化是，我不再把自己做成某件事笼统的归结为"我运气好"，再面对别人说我只是运气好的时候，也只淡淡一笑，不会解释，更不会往心里去。

虽然有时运气也重要，但我们也不能妄自菲薄，不要轻易看轻自己。能做成一件事，仅靠运气肯定是不够的，凡能成事的人，本身能力就足够强。况且，运气也是能力的一部分，不然怎有人抓得住运气，有人就是抓不住呢。

这一遭后，我笃定，我是有能力的，是聪明的，是有干劲的,是一旦想要做成什么事,拼命也会做好的。我终于可以理直气壮地说"我很棒"了。

我以前觉得自夸是一件很自恋的事,得自恋到什么地步,才会一遍遍自己夸自己。但我现在不这么想了,恰当时称赞自己、肯定自己,是一件好事,也很必要。我们不仅需要别人的鼓励,更需要自己的鼓励。

03

从我正儿八经开始写作,到现在已经六年多了,也正如前面跟大家讲的,这六年的经历,丰富,但也坎坷。

我有过最高光的时刻,第一本书上市,看到有很多人喜欢我的书,有那么一刹那真的感觉自己红了,还担心过以后在路上被大家认出来怎么办;文章第一次被国内权威的主流媒体转载时,内心开心之余也有一丢丢小骄傲和小虚荣;文章第一次刊登在我读书时代就看的杂志上时,有种"我终于活成了我读书时代想要成为的样子"的感觉,很满足；收到很多读者发私信，说他们喜欢我的文章，说我的文字鼓励过他们的时候，真的很感动；收到研究生录取通知书的时候，脑中莫名蹦出"我以后的人生肯定会越来越好"的念头，带着一颗对未来充满美好期待的心过每一天真的很幸福。

当然，写作的光鲜时刻很多，但灰头土脸的时刻更多，更常遇到的是写不出想要的内容的沮丧、一次次被拒稿后的崩溃；一些不喜欢我的读者的谩骂；哪怕文章被杂志刊登再多，被大媒体转载再多次，我还是得考虑赚钱的事，还是会面临赚钱的压力，还是要去想我要如何才能写得更好。学业压力、工作压力、论文的压力、毕业的压力，一个都躲不掉。

这六年，我风光过，也狼狈过，踩过坑，怀疑过自己，低谷过，沮丧过，但最后还是想办法把自己从泥淖中拉了出来。对于过得比较顺遂的人而言，我更能明白在人间谋生，最重要的一项技能是什么。

那项技能，不是运气好，也不仅是努力、认真、肯吃苦，更不是比别人更聪明。虽然这些也很重要，但若想要长久地走好人生这条路，最重要的一项技能是：你得有得势时不得意，摔倒后不绝望，而后还能东山再起的能力和魄力。

人生总是充满坎坷的，谁都不能例外。

清楚风光会消散，绝境也会过去，更多寻常时刻总能想办法再拉自己一把，再把自己的人生往前推一推。看到自己的局限，但也要能看得到自己的优势，去经营好自己的人生。做大事的人，要学会看得长远一些，哪个百年老店没经历过颠簸。

◆ 人生如戏，全靠演技

01

朋友说，每逢情人节，她朋友圈里女生们发的文案一个比一个甜，展示自己幸福恋爱的方式多样且高级。有发精心剪辑过的视频的，有写一段很动人的文案的，还有专门为喜欢的人写一篇文章的，文章内容的甜度也极高，随便哪样旁人看了都羡慕。

我笑着说："朋友圈里的东西看看就好，可以发自内心地祝福，但不必当真。"

我朋友圈里的绝大部分人都是从事传媒领域的，有在广告公司上班的，有做宣传策划的，有自己开公司当老板的，有在互联网大厂做运营的，有在影视公司做商务和宣发的，还有一部分人是新闻传播学专业出身的。包括我自己，做

我想活得像个皮球一样

自媒体，写文案，写策划，无论工作性质，还是从专业出发，大家都极其懂且擅长在公开场合"展示自己生活好的一面"。

所谓"展示自己生活好的一面"，用通俗点的话来说是分享生活，用专业术语来讲是"做自己的人设""自我营销"。

我们需要通过朋友圈里的一张张加过滤镜的精致图片，吃过的美食，走过的城市，玩过的景点来分享我们私下生活中的样子，让领导、同事、朋友们看到自己热爱生活、积极努力、工作认真、生活美好的一面，营造自己靠谱、努力、踏实的美好形象。

所以，大多数人只会在朋友圈展示自己好的一面。

我们所看到的大部分朋友圈，也是别人精心筛选、编辑后才发出来的。别人让我们看到的她们，也是她们想让我们看到的样子。

人生就像一个戏台子，上台后，大家都戴着面具，拼命地演着自己的快乐和美好。但面具背后那张脸是难过，还是哭泣，谁都不知道。

我以前不喜欢"人生如戏，全靠演技"这句话，它让我觉得每个人都很做作，都很不真诚，都活得很假，一点也不真实。

但现在，我反倒觉得这句话说得挺好的，很精准地概括了我们的生活现状：大家都尽可能展示自己美好的一面，都在努力地让旁人觉得自己过得很好。

我们都一样，都只是在努力地生活。无需羡慕别人，也不用过分自怜，更不必因生活辛苦而觉得委屈。痛苦面前，人人平等，这才是生活的本质。

02

努力在生活中展示自己好的一面，有必要吗？

有必要。

我相信吸引力法则在生活中是有效的。你相信什么，你就会成为什么。你相信美好，你会慢慢变得美好；你相信只要好好努力，就能过上想要的人生，你以后就会有更大几率过上你想要的人生；你相信自己以后会成为一个优雅、睿

我想活得像个皮球一样

智、美好的人,你也会慢慢成为你想要成为的人。

这不是玄学,也不是我随口说的玩笑话。

信念的力量远比我们想象中更强大。多给自己积极的心理暗示,多看生活美好的一面,生活也能慢慢变得积极、正面、美好。

就拿我自己来说,我也经常在朋友圈和一些社交平台分享自己的生活,记录日常生活中的小确幸:

和室友一起去花鸟市场给自己买玫瑰,回来认真修剪后插到花瓶里,然后拍一张好看的照片分享在朋友圈;吃到好吃的,拍下一张照片发在朋友圈,分享自己的开心;和朋友去春游,拍路上的花花草草,然后发朋友圈。

很多朋友看完我的朋友圈,总会说"羡慕你的生活没什么烦恼"。就像前几天,我在朋友圈发了一张自己在咖啡厅写稿子的照片,配文"在咖啡厅从早坐到晚,写了六千字,是勤劳的一天"。马上有朋友在评论里留言:"真羡慕你没什么烦恼,也没什么压力,时间自由,每天有大把的时间写作。"

但故事B面是,我也很忙,要上课,要看文献,作为班长，还要处理班上的事情，还要跟着导师做项目、找资料。

朋友圈分享的下午茶，看起来美好，但旁人不知道的是，周末那两天，在办公室加班帮老师干活，老师觉得大家太辛苦了，给我们点了下午茶……

生活并不是没有崩溃的时刻，只是那些时刻，我选择自己消化掉。

分享的一些小确幸不是为了炫耀，也不是为了展示自己的生活多么美好，只是试着努力从疲惫和辛累中找到一丝美好。分享出来，也只是为了告诉自己，"瞧呀，你的生活也没想象中那么辛苦，有很多小美好，也有很多人羡慕你当下的生活"。

在如戏的人生中，展示着自己过得很好，是为了让自己觉得当下的生活没那么差，我们还过得下去。

每当生活疲累，遇到一些握紧拳头都没办法度过的时刻，我都会回头翻看自己的朋友圈，看看自己曾经分享的美食，看过的那些风景，遇到的那些好玩的事，就能给足迷茫的我信心，提醒着我"生活还有很多值得的事"。

而回看过去，那些"看起来很好"的朋友圈动态，也让

我想活得像个皮球一样

我相信，我既然可以度过以前的那些难过时刻，那么这一次也一定行。

即便生活很难，也要选择美好。要多去看看生活的美好时刻。

这就是人生那么难，为什么我们还要死死撑住，还要尽可能地展示生活的美好。

有些美好，不是展示给别人看的，而是展示给自己看的。

曾经记录下的那些美好，只为了让自己相信，我们过得很幸福，为了让自己相信我们的努力是有意义的。

不为别人，只是想给自己的生活播种下一颗美好的种子。

03

我很喜欢的一个姐姐，她每天在朋友圈展示自己的美好生活。

周末去公园打卡，春天拍樱花，夏天拍荷花，秋天拍落叶，冬天拍雪，也拍孩子、自己和老公，别人能从她的朋友

Part 4
小时候真傻，居然想快点长大

圈里感受到四季的活力；偶尔和姐妹们约个下午茶，发一张合照；或是逛商场，看到商场的大玩偶，会开心地跑去和玩偶合照一张；偶尔也会分享周末在家做的饭。

每一张照片里的她都在开心的笑，每一条朋友圈的内容表达的都是生活的美好。

那一年，我刚大学毕业，正艰难地适应生活，每天过得很不开心，所以每次看到那个姐姐的朋友圈，心里都好羡慕。我也很好奇，怎么有人能把自己的生活过得这么美好，怎么真有人能在压力如此大的生活中过得如此开心。我也纳闷，生活中难道真有人没有烦恼，每天都能开怀大笑吗。

那一年，我没找到结果。

但那位姐姐的朋友圈却成为我心中的一个念想，我羡慕这般生活美好的女子，我希望有一天自己也能变得这般美好且热爱生活。我悄悄以那位姐姐为榜样，在心里暗自激励自己要变美好。

这几年，我开始学着那位姐姐去生活。闲暇时不会懒在家，去公园，去爬山，去逛博物馆都可以；不一定要吃得多么高级，学校食堂的食物也能吃得很快乐，吃一碗十块钱的

我想活得像个皮球一样

鱼粉也能开心好久，好好吃饭，也是在热爱生活；不一定非要去打卡下午茶，自己煮一壶果茶，边喝茶边看书，也是一种悠闲自得。

有次姐姐在朋友圈开玩笑性的吐槽她老公，她说："有时跟老公相处，也会被气到想离家出走，但出门溜达一圈，不但没有离家出走，反倒还买了他最爱吃的板栗。而且，出门的时候，还没忘记把垃圾带出去扔了。或许这就是生活吧，虽有不好的事情，但还是想要去再努努力，去认真爱一爱生活。"

她从来不在朋友圈直接说自己跟老公吵架，生活的鸡毛肯定是有的，但对于她的"报喜不报忧"，谁都不能说她虚伪，说她装，也不能说她只展示生活好的一面不对。

我也相信，她对生活的这股热爱劲，不仅感染到了我，肯定也感染了她朋友圈里的很多人。

用尽全力去演好生活这部戏，演好自己的人生，也能给足别人生活的信心。

有人说，这样伪装得很累，我不想活得这么虚假，不想这般逞强，不想活得那么累，想开心就笑，难过就哭，想极

Part 4
小时候真傻，居然想快点长大

致的在公开场合表达自己的破碎与崩溃，可以吗？

答：也行。选择怎样的人生活法，是每个人的自由。

我赞同大家美好的活，也认可大家真实的活。人生这场戏，再怎么演，主演都是我们自己，不管怎么选，只要最后都能过好自己的人生就可以了。

◆ 小时候真傻，居然想快点长大

01

前几天和博士师姐一起吃了个饭。

师姐临近毕业，等月底论文盲审结果出来，再进行毕业论文答辩，不出意外的话，六月份就可以离开学校了。在我们这群学术"小萌新"眼中，对师姐是又佩服、又羡慕，佩服那么难拿的博士学位，师姐也能顺利地拿到手，羡慕的是，师姐以后不必再为学业如此操心了。

我们也坦诚地跟师姐表达了自己的羡慕和钦佩。

听完我们的话，师姐也极其坦诚地回我们一句："也没什么好羡慕的，以后的路都一样，难着呢。"

即便博士毕业，想找到自己想要且合适的工作依旧很难。哪怕去了想要的单位，也是内卷严重，考核任务繁重，加之现在高校在慢慢取消大学老师的编制，实行竞争上岗。

"哪怕毕业了，以后的日子，依旧要每日看书、看论文，要钻研学术，要提升自己，要努力做出成果，要努力发论文。人生何来容易一说。"

另一个即将准备博士毕业论文开题的师姐，是背着装有电脑和书的大书包，从图书馆赶过来一起吃饭的。她说，吃完饭，买杯咖啡，还得继续回图书馆看书。

见过很多三十岁左右的女性，她们衣着得体，妆容精致地拎着小手包，逛街、购物、旅游、吃吃喝喝，我以前以为年轻女孩们就该活得这般热闹。但认识师姐后，看着她们经常素颜朝天，虽也关心时尚流行，但更关心学术界新走向，背着跟时尚不沾边的大书包，在图书馆一待就是一天，才慢慢明白，除了我们看到的那些精致的活法，更多人的三十岁是朴素且需要努力的。

02

得知辅导员今年报考了博士，不久前还进了复试，是另一件让我感触很深的事。

博士考试并非一件很容易的事，要看一本本很厚的专业书，要把知识点都背下来，要一次次克服自己的惰性，沉下心，踏踏实实学习。辅导员平时挺忙的，忙着处理学院的事情，学生们大大小小的事也都是找她处理。即便如此，她依旧可以挤出时间去备考。

跟我姐姐聊起辅导员考博的事，我说："辅导员的工作挺稳定的，有编制，我们学校的待遇也不错，工作环境也好，她做着很多人向往的工作，何必非要再去考个博，读博真挺难的，毕业也难。"

我姐倒不这么认为，她说："每一个能够走出自己舒适圈的人，内心都是有自己的追求的。也许她做着一份你们很羡慕的工作，但已有这份工作的她，内心便不止如此了，她也有自己心中想要的工作和未来，她得为自己想要的未来去奋斗。"

我说："那我们这一辈子岂不都很辛苦，好不容易打通一个关卡,几年后,再回头看,发现这个关卡不过如此,又要费更大的心力去闯下一关,多辛苦。"

我姐说:"这世上本没有轻松人生一说,一路走来,我们都在闯关。读书时代的目标是重点高中、重点大学,大学毕业的目标是找一份好工作。但世上并无一劳永逸的事,时代在变化,市场行情在变化,我们的认知也在不断变化,几年前我们眼中的好工作,几年后再回头看,也许就没那么好了。届时,我们还需不断调整自己的工作、生活,去追逐当下我们觉得更好的工作和生活。"

这便是人生。

我们需要根据当下不断调整状态,保持进步,保持努力,以便应对时刻会到来的各种变化。

03

有时感觉身边所有人都攒着劲在努力,想为自己挣一个好的未来,我们被时代潮流裹挟着,被"不努力,就会出

我想活得像个皮球一样

局"的现状推着往前走,你问我们会觉得累吗?

答案是,会累。有时真的好累,想到未来,想到前途,经常一宿一宿无法入睡。也真的害怕身边朋友都发展得越来越好,自己却还在原地踏步。害怕自己不努力就会搞砸人生,所以很多时候我们只能一直往前跑。

以前觉得躺平,什么都不做的生活状态是最轻松的,长大后才知道,这种躺平背后的风险太大。图一时安稳,卸下防备,卸下心气,以为如此便能安稳过一生,但人怎会真的一生无事,未知的某一天,突然一股浪潮袭来,疏于练兵的我们,招架不住浪花,以至逃无可逃,只落得狼狈下场。

因为深知自己承担不了这种风险,所以我不奢望过那种风平浪静、不需努力、只需平躺的人生。

往前一两年,面对日复一日的努力,内心会倦,也会怨,会觉得很辛苦。但今年开始,已经不会再觉得生活需要努力是一件很辛苦的事了。

这中间没发生什么改变我人生想法的大事,让我转变想法的都是一些细碎的小事。

之前参加学院复试工作的过程中,在复试现场,看到每个同学认真应对老师们提问的样子,看着他们全身上下的细胞好像都在跟老师说"老师,录取我吧,我很珍惜这个机会,我也很希望进入这个学校读书"。

他们身上的那股热情,让我想到了自己曾经也那般渴求过。只要可以实现自己的心愿,过上自己想要的生活,面对艰难的时候,又有什么可抱怨的呢。况且,我们现在觉得很辛苦的生活,还是很多人所渴望的。

每次为生活琐碎扰心时,一想到我还有工作,还有学业,还有美好前途,还有自己的热爱,还可以通过勤奋努力去好好赚钱,去带自己离开这种环境,就觉得被莫名地安慰到了。工作很辛苦,学业也很难,但那些艰难的过程也是能真正滋养我们的,它们能让我们去想去的地方。

每次为爱情焦虑,猜测眼前这个人喜不喜欢我,以后要是不喜欢我怎么办,我都庆幸自己还有这份看起来很艰辛但也充满机会的人生。每一次安全感缺失时,我就一遍遍告诉自己:"没必要为未知的担心,过好现在,好好赚钱,好好打磨自己的能力,别生懒,也别偷懒,即便有一天,最坏的结果发生了,自己也不至于措手不及。"

我想活得像个皮球一样

我内心的这份恐惧,也督促着我不断努力,更加努力。

大多时候,真正支撑我继续努力下去的从来不是多么积极正能量的东西,而是我想要远离讨厌生活的决心,是我内心深处的恐惧,是我害怕被同龄人抛弃,害怕人生变得糟糕……是这些上不了台面又没办法公开说的小心思、小想法支撑我走到了现在。

以前总觉得大家的努力都是因为梦想,现在依旧承认梦想的力量,但更愿意将"努力"这个词日常化。

我们都是俗人,俗人的人生需要努力,俗人努力的目的也可以多样多彩。

做一个正直、善良的人,然后为了自己目标,好好努力,就很了不起。

04

之前看《完美星球》,内心很感慨,大千世界,连乌龟

Part 4
小时候真傻，居然想快点长大

早上进食后都要趁天气凉爽尽快赶路，在中午太阳大照之前找到纳凉的地方，乌龟尚且如此努力且艰辛地生活着，我们人类又有何不满。

　　一个人间真相：不仅生而为人很辛苦，生而为任何生物都辛苦。

◆ 做一个收放自如的成年人

01

最近发生了一件很戏剧性的事。

今年（2022年）我的必做事项中的一项是一定要接种HPV疫苗。武汉要接种这个疫苗的人很多，若坚持打九价疫苗，等轮到我的时候，我的最适合接种年龄大概也过了；四价疫苗排队人数也多，但相比九价疫苗，四价疫苗没有很严苛的年龄限制，等个一两年，我还是能接种上的。

但今年我就是想打完HPV疫苗，趁年轻，早点打完疫苗也可以早点安心。加之，咨询了一些专业医生，她们说进口的二价疫苗也做得很好了，没必要非要等四价。

所以前不久，我很坚定地去接种了二价疫苗。

戏剧性的一幕是，在我接种完二价疫苗后的一周，我订阅的省妇幼的公众平台突然给我推送了一条信息，提醒我约上了四价疫苗（当时打完二价，忘了取消之前在其他平台预约的四价疫苗）。

看到这条订阅消息的那刻，我脑中闪现的第一想法是难过。有那么一刹那，我觉得自己运气好背，等四价时，等不到，刚去打了二价，结果提醒我四价约到了——有种命运弄人的感觉。

但这种难过感持续几分钟后，我就安慰自己：没关系，二价疫苗也挺好的，足够用了，疫苗再强大也不能一劳永逸，只是起个预防作用，以后每年体检，好好照顾身体，才是预防疾病最有效的方式。

之后我就把这事忘了，但傍晚五六点左右的时候，省妇幼的订阅平台又给我推送了一条信息，说他们平台小程序因系统升级导致四价疫苗预约信息推送错误，之前的预约推送信息作废。

晚上跟朋友打电话，调侃性地讲了这件事。朋友问："若是真的又约上四价疫苗，但你已经打了二价，只能错过四价，你心里会很难过、遗憾吗？"

・・・・・
我想活得像个皮球一样

我很肯定地回答道:"我不会觉得遗憾,也不会后悔。"

朋友问:"为什么能这么肯定你不会后悔。"

我说:"因为我早就过了容易被动摇的年纪,做任何决定之前,我都会认真想清楚。一旦做出选择,不管以后发生什么,我都不会去后悔,更不会遗憾。我坚信,我当下拥有的才是最好的,我当下做的选择就是最好的选择,那些曾经错过的选择,也没想象中那么好。即便最后真的证明还有更好的选项,我也不会为之遗憾,努力把我做出的选择变成更好的选择,足矣。"

朋友惊讶我能如此坚定地说出"我拥有的才是最好的,那些我错过的选择,也没想象中那么好"。于是继续问:"你是如何培养出这么淡然的心态的?"

收放自如的淡然心态,大多时刻并不是刻意培养出来的。只是经历的事情多了,栽的跟头多了,也体验过太多次左右摇摆不坚定的时刻,厌了,也倦了,不喜欢为不可控的事扰心,于是慢慢学会了"凡事淡然处之"。

02

近一年，我遇到了两次特别纠结、焦虑的时刻。一次为工作，一次为感情。

身边朋友今年毕业，准备着各种不知道结果的考试，每到夜深人静时，就来跟我说她的焦虑。现在竞争压力大，怕考公失败，怕选错工作，未来发展空间局限，怕过不好人生……

焦虑这种情绪很容易传染。我目前还在学校读书，毕业也还有几年，读书的同时，单单写作赚的钱就足够养活自己，还有能抵御一定风险的积蓄，原本不需要太焦虑的。但听多了朋友的人生焦虑，在那一个月里，我也变得紧张，常常失眠，每天顶着黑眼圈想着以后该怎么规划，焦虑着丈量与想要的人生的距离。害怕自己论文写不好，毕业困难；担忧自己技能没学足，想要的工作去不了；忧心以后找不到好的工作，挣不到足够的钱。

第二个特别焦虑的时刻是因为感情。和现在的男朋友相处挺好，虽彼此性格有些微的不同，但好在都能互相体贴对

我想活得像个皮球一样

方。我们是奔着结婚交往的，不出意外，相处一段时间后，我们就要考虑下一步的发展了。

虽感情很好，但第一次如此近的接触"结婚"，而且在这件事上也没有太多过往的经验可以借鉴，加之近来看到太多关于婚姻的负面新闻，内心充满恐惧。

我担心长久相处下去，有一天新鲜感不再，感情进入平淡期，再到厌倦期，有一天彼此没那么爱对方了怎么办；我害怕进入婚姻关系后要面对的一地鸡毛，担心自己处理不好与双方亲友的关系；婚姻幸福与否，也影响着女性的人生发展，我担心自己经营不好婚姻，害怕结婚后对方对我不好，害怕以后的自己过得不开心。

为感情焦虑的那段日子，也是一直失眠。

我并不是天生擅长开解自己，但带着焦虑生活下去太沉重了。在纠结解不开的那些时刻，在压力很大一宿宿睡不着的晚上，在每天不管吃饭、上课还是处理工作都带着沉重心事的日常生活里，我真的撑不住了，我不想带着焦虑活得这么辛苦。

我选择跟自己和解，放下一些顾虑，不管未来发生什么，都勇敢去面对。做一个风轻云淡的人，也做一个更勇敢的人。

03

当然，做一个风轻云淡的人，也是有方法和技巧的。并不是跟自己说一句"我要成为一个收放自如的成年人"就能做成的。

成为一个收放自如的成年人，最需要学的一件事就是"自洽"。

就像前面说的，我为未来焦虑，但我并没放纵自己沉浸在这段焦虑之中。焦虑归焦虑，焦虑过后还是要结合自己的实际情况去分析现状，分析自己真的有必要这般焦虑吗。

我最后得出的结论是，我没那么弱。几年后，硕士研究生毕业，我能写作，有专业技能，有学历，虽不是那种很聪明的人，但好在勤奋踏实，找份能养活自己的工作肯定是没多大问题的。

我想活得像个皮球一样

今后也不必那般焦虑，踏踏实实，好好写作，打磨自己的技能，赚点零花钱也是可以的；充分利用好自己的空闲时间，好好读书，好好看论文，跟着导师和师兄认真做项目，完成毕业论文也是足够的；临近毕业时，及早规划。有些事做起来是很难，但我相信无远弗届。

无需焦虑，而且为未发生的事焦虑是最愚蠢的事。只要最糟糕的时刻没到来，就说明还有回旋的余地。不想最坏情况发生，那就好好努力，再勤奋一点，改变能改变的，尽可能地把未来往你想要的方向引导。

只要一切还没结束，就先别急着焦虑。沉下心好好去播种，多为人生种下一些好的种子。

一个收放自如的大人，不会被焦虑打败，也不会因为未知的难关而恐惧。不悲不喜，快乐时，就去享受生活；麻烦来了，就去面对，就去解决。一味地忧心未来无用，要看到自己现在的力量，要学会用自己现在的力量去改变未来。未来会发生什么，我们不知道，但在我们能通过自己此刻的一些行动，去影响未来的走向。

04

从焦虑到与自己和解，就三个字——装糊涂。心态豁达的人，都很会装糊涂。

焦虑也好，恐惧也罢，当这些情绪来临时，去接受，去面对，去痛哭，去难过，去担忧，都行。难过久了，讨厌这种把自己心思全部寄挂在一段感情里的自己，想要改变，想要挣脱，想念以前肆意洒脱的自己，那就去改变，去和姐妹逛街、喝下午茶，去喜欢的城市旅游，去吃想念很久的美食，去全身心投入工作，去努力提升自己。

一切都是顺其自然的，没有半点刻意。允许自己在伤心的时候去难过，也支持自己在想开心的时候去开心。

有人会说，人际关系里让你恐惧的东西依旧存在，哪怕做了自己，依旧没办法让那些扰心事情消失。

别人的想法，别人的行为，别人的人生，我们没办法也没资格去控制，我们能控制的只能是自己的想法和快乐。这句话适用很多关系，爱情，人际，婚姻，亲情，友情。

越早放弃改变别人的想法，就越早活得自洽。

我想活得像个皮球一样

爱情未来会如何发展，我没法预测，也不想预测；婚姻以后会遇到多少难关，我也懒得去多想，何须去担忧未发生的事情呢；对于"结婚后，处理不好各种必要的人际关系怎么办"这件事，我选择佛系面对。反正不管跟哪个人结婚，不管进入怎样的婚姻关系，这样的问题谁都躲不掉。既然这是大家都要面对的问题，我又何必执着，奢望自己能逃得开呢。

我只需清楚，人生是充满苦难的，谁都躲不掉。不必自怜，也无需委屈，好好成长，变得强大即可。无论何时何地何种境遇，拥有挣钱的能力，保持不断成长的能力，境遇再差也不会差到哪里去。

人生想要快乐，要学会装糊涂。别活得太清醒，别把一切看得太明白，也别活得太理想主义。可以爱童话，但不要活在童话故事里。这世上，很多东西都经不起打量。爱情不能，婚姻不能，工作也不能。

承认每个人都有自私的一面，接受人类都是慕强的设定，明白自己不太可能会遇到百分之百完美的另一半，清楚每一份看起来再好的工作背后都有那么一丝丝不如意。在这个基础上，糊涂点活，接受身边的爱人、亲人、朋友、老板的不完美，如果爱人、亲人、朋友有没做好的地方，小问题就装装糊涂，不必揪着小事难过，放过别人，也放过自己。若真的涉及原则性的问题，再去沟通。

总之一句话，做好自己该做的，不要过分苛责别人，也不要对旁人抱太高期待。对自己严格要求，与别人相处有时需要适当的糊涂点。

之前跟一名知名媒体的主编吃饭，期间聊到了爱情和婚姻，他说了一句特别打动我的话。他说："我的爱人只是我的爱人，她只用充当好爱人的职责，聊写作聊工作可以跟同行聊，游戏话题可以跟一起打游戏的朋友聊，想喝酒可以找哥们、找朋友，生活中有什么问题，都可以找对应的专业人士帮忙。所以，我不需要我的爱人做得多么完美，我也不会带着苛刻的眼光看待我们的关系。

"降低对爱情的期待，不要神圣化婚姻，爱情是爱情，工作是工作，生活是生活，这三者不能完全分隔开，但也要努力分隔开，如此反倒能活得更轻松些。"

这是男性看待爱情的角度。我常想，为爱情纠结的女性

我想活得像个皮球一样

朋友们，如果学会如此看问题，降低对婚姻的期待值，好好爱人，好好工作，好好生活，不轻易为某个人某段关系放弃自己的人生发展，一定会少很多烦恼。

05

继续追溯到我们最开始的问题：如何成为一个收放自如的大人？

我的回答是：做任何选择之前，都要带着"做完这个选择，若是发生最糟糕情况，我能否应对这一切"的想法，去深思熟虑，去认真抉择；一旦想好了，做出了决定，无论这个决定的结果是好，还是坏，全都认了，别抱怨，也别让自己后悔。因为"早知道如此，当初我就应该如何如何"这类后悔情绪最能蚕食一个人的心智和毅力。选择是自己做的，无论好坏，都要接受，在这基础上，尽自己所能，改变能改变的，把一切变成想要的样子。

至于焦虑、迷茫、失望、难过这些负面情绪，别排斥，别逃避，也别恐惧。想清楚应该怎么做，再好好调整自己的心态。

调整心态的方法很多，但最有效且快速的一种是告诉自己：大家的生活都充斥着千疮百孔，我不是最惨的那一个，我也不需要活得那么清醒，少计较点，糊涂点，开心最重要。

年少时，以为那些爱说"算了吧""糊涂点"是一种将就。总觉那些蒙蔽自己的双眼，选择糊涂点活的人是在敷衍人生。

长大后才明白，人生的有些问题是没办法解决的。哪怕换掉爱人，换掉工作，换掉生活的城市，没办法改变的东西依旧没办法改变。既然有些东西如何也改变不了，那还不如开心点过。

写到这里，我脑中突然闪现出一句话：我们在自己身上克服这个时代。

世界有点疯狂，世事繁杂，虽然我们能改变一些东西，但更多的东西我们没法改变。既然要活下去，就还是得想办让自己快乐地生活下去，还是得让自己过好这短暂又漫长的一生。

我想活得像个皮球一样

至少我现在还没有找到其他行之有效的方法,只能想开点,尽力克服自己的情绪,克服自己的惰性,克服自己的患得患失,用一个更强壮的自己去面对生活。

这才是生活的解药。

Part 5
低谷中的蓄势反弹，反而会跳得更高

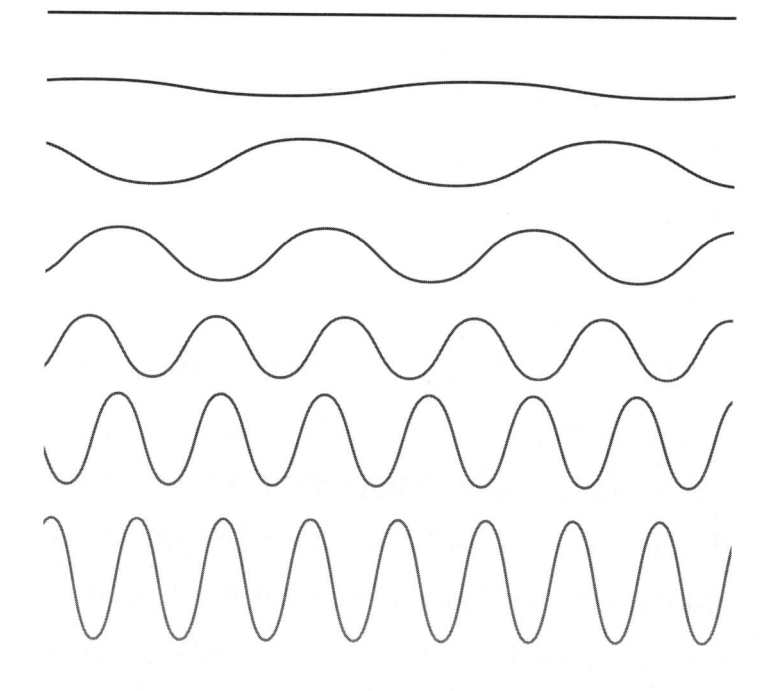

• 成长是突然醒悟，明白过去，心向未来

尤记得，中学时期的我曾发过一条非主流的QQ说说：修炼自己。那会（大约是2009年），唐家三少的《斗罗大陆》正流行，男同学喜欢课间偷偷拿出洛基亚手机看各种网络小说。也可能是这个原因，我的那条说说底下，好多同学评论"如何修炼？是要修仙吗？要朝哪个门派修？"。

人生是一场怎样的修炼？

笼统来说，人生是一场修炼自己的重大活动。无论是来自学业、工作、生活、爱情、婚姻的烦恼，最终的解决方法都取决于我们自己，我们的喜怒哀乐、快乐幸福的决定权也都在自己的手上。若我们能够拥有宠辱不惊的心态，世事无法让我们忧心；若我们能够拥有一颗强大且坚韧的内心，无论遇到什么困难，我们都能克服；若我们够努力、够认真、够坚持，不管遇到什么险阻，总会等到柳暗花明的一天；若

Part 5
低谷中的蓄势反弹，反而会跳得更高

我们拥有热烈爱人，及时止损，不怕失去的能力，又怎会怕感情中的心碎时刻。

世事纷繁多变，人心亦难猜测，都没关系。我们要做的就是在我们自己身上，克服这个时代。

01

修炼自己承受压力的能力。

近几年来，每做完一项并不容易的工作，我都会有一种很强烈的感觉：幸亏最后几天我扛住了压力，幸亏我没因为好累好困而早早睡去，幸亏我没因为找不到思路而自暴自弃，幸亏我没因为想去玩而随便糊弄一下这个工作，要不然我肯定没办法像今天这样按时且认真的完成。

我相信任何一个认认真真完成好一件事，或是完成某个目标的人，在圆满做完这件事后，都会有与我相同的感觉。

人间谋生，不是一件容易的事。无论完成一项工作任务，还是达成一个考试目标，过程中都会遇到很多困难和

阻碍你完成这项工作的事或物，或拖延症，或身体的困累，或精神的压力，或心理上的负担，或身边朋友、同事、家人给的压力。中间随便哪一个环节崩塌了，都没办法如期完成任务。

想进步，想成为更满意的自己，想拥有更好的生活，就得扛住压力，进而一点点提高自己的能力。

如何修炼扛压能力？

就一个字，忍。想想你想要成为的自己，想想你想要的生活，想想你的目标，想想你想要的东西，反复告诉自己：一定要坚强，要坚持。想要什么，就肯定得为之付出相应的代价，或辛苦，或压力，或委屈。

02

修炼不怕失去、不怕心碎的能力。

都市丽人们的情感问题，一直很多。

恋爱之前，怕主动，怕告诉喜欢的人"我喜欢你"，怕丢脸，怕不被爱，于是犹犹豫豫；恋爱之后，怕吵架，怕感情不稳定，怕恋人不再喜欢自己，怕分手，怕失去，于是患得患失；分开后，拿不起，也放不下，频繁回头看。

没办法解决感情的根本问题，即使问旁人再多"你说，他到底喜不喜欢我"也没用，得到的回答只会更加扰你心绪。

如何解决？答案只一句话：与其思考别人喜不喜欢自己，倒不如认真想清楚自己是不是真的喜欢对方。若喜欢，便靠近，表露心迹、争取都可以。别怕丢脸，别想会不会被拒绝，也别怕不被爱，怕失去，允许自己心碎，允许自己崩溃大哭，允许自己为一个人辗转反侧不能入眠。这些都是爱情的真实模样。如此这般，在一次次接近爱情的过程中，在一次次鼓励自己勇敢表达爱情的过程中，锻炼自己热烈爱人、不怕失去的心态。

总有一天，你会明白，告诉一个人"我喜欢你"并不是一件丢脸的事；你会清楚，有些人只是我们人生路上的过客，他们只能陪我们一段路，即便说再见也没关系，至少曾经拥有过；你会慢慢接受为爱情心碎的自己，会明白爱而不得是常态，即便自己真的是爱得多的那一方，也没什么大不

我想活得像个皮球一样

了,只能证明你爱得真诚、热烈;最后的最后,你终究会明白,无论离开谁,我们独自一人都能把故事讲完。这是爱情,也是人生。

你不能怕失去,也不能怕心碎。爱情是勇者的游戏,你要勇敢。

03

修炼发掘生活美好的能力。

想起之前有个朋友对我说的话,她说:"我感觉你总是元气满满,感觉你的生活充满乐趣,每次看你社交平台,总能感受到满满的积极乐观与有趣,真羡慕你的生活。"

我的生活真的充满着美好与新鲜吗?

说句不加任何滤镜的话:每隔一段时间,我都会觉着生活真无趣。尤其是经历越多东西后,越能感觉到生活的无趣。

毕竟,生活的本质是重复,重复的本质是枯燥,是无

Part 5
低谷中的蓄势反弹，反而会跳得更高

趣，是失去兴趣。

时常感觉生活无趣的我，如何做到时不时让别人感受到我生活的美好与乐趣，难不成是我装的，是我做的人设吗？

倒也不是。大家看我社交平台上粉丝数就会明白，这不是需要我做人设的地方。

其实，很长一段时间内，我的确会感觉生活庸常且无趣，但我从未放弃寻找生活美好，从未放弃提升取悦自己的能力。就如去年十一月份，我情绪低落，提不起精神做任何事，觉得它们无趣、无聊，但我不喜欢那种状态下的自己，于是开始尝试每日给自己做早餐，坚持在微博上进行每日早餐打卡，每日写一句鼓励自己的话。

不知故事B面的朋友，或许只会觉着我的生活丰富多彩、有趣，每日还有闲心和时间给自己做早餐，真精致。

没有谁的生活，天生丰富多彩，也没有谁生来就懂如何生活。普通如我们，大多数日常平凡且无趣，只是很多时候，心怀美好的我们，不甘这份平淡，于是努力去发现生活美好的一面，努力去把生活过得丰富多彩。

美好生活不是生来就有的，而是后天经营出来的。想要

我想活得像个皮球一样

丰富多彩的周末生活,那便呼朋唤友出去吃喝玩乐;想要拥有温馨的房间,那就买些能增添生活趣味的小玩意。

精致的生活没那么贵,只需要足够耐心。

04

修炼一颗强大到混蛋的内心。

有时觉得我们这一生就像在海面上划船,有人手气好,一开始被分到一艘快艇,划得快且稳;有人运气较好,分配的地理位置较好,划船一生,相对风平浪静;还有的人,就如大多数普通的我们,平凡却不平静。

于大多数普通的我们而言,何为强大到混蛋的内心?

风平浪静时,依旧能平静地去努力,做好该做的事,让我们人生这艘船持续稳步前进的同时,也不掉以轻心,尽量为未来可能到来的风浪多做些防御措施;起风时,宠辱不惊,风浪来临时,可以守好自己的这艘船,无论发生什么,别早早放弃。

换成通俗的话来讲,所谓强大的内心,便是闲时不懒散,依旧保持努力;坎坷时别过分抱怨生活,也别被生活吓到,依旧积极乐观的面对生活;人生紧要关头,即使遇到失意,别被打倒,别放弃生活,积极想办法去解决、去应对。

任他风吹雨打,始终积极乐观,始终努力,始终相信只要我们再坚持一会儿,再努力一会儿,再认真一点儿,一切都会慢慢变好。

当你积极乐观,当任何事都打不倒你,始终保持朝着想要的人生前进,即便走得慢点又如何,总能过上你想要的生活。

05

修炼自我拯救的能力。

我曾经历过一段至暗时光。

二十四岁,大学毕业两年,虽然挣了些钱,但每天还是觉得很没有安全感。当时的我看不到自己的力量,经常

我想活得像个皮球一样

会陷入一段很悲观的死胡同，总觉着我写的东西能被看到、能被大家喜欢，只是因为我运气比较好，如果有一天，我运气不再，或者大家再也不喜欢看我写的东西，我的人生就彻底完了。

我知道这种焦虑感无人能帮我抚平，也明白我想要的人生无人能帮我过上，没有人能将我送到我想要的那个彼岸。要么自己拼命努力去赌一把，要么接受当下的平庸生活。

在那个绝望的当下，我第一次真切感受到：生活跟我们玩的是真刀真枪的游戏，搞砸了，就没有第二次重来的机会。撒泼打滚没用，跪地哀求也没用，没人会帮你，也没人能真正帮你。你想要的东西，只能自己努力去争取。你想要的生活，也只能自去实现。

于是我放弃了稳定的体制内的工作去考研。过程很辛苦，跨专业，知识学起来又枯燥又难懂，不被家人理解，只能逼着自己往前走，为未来担忧与焦虑。备考的那段日子里，几乎每天都要崩溃大哭一场，害怕考不上，害怕做了错误的选择，害怕搞砸自己的人生。

但我也清楚，没有人可以被我长久依赖，也没人能拯救

Part 5
低谷中的蓄势反弹，反而会跳得更高

我的人生，没人能把我想要的东西直接给我，我只有我自己，也只能靠我自己。于是一次次安慰好崩溃的自己，一次次站起来，带着焦虑、害怕与压力独自前行。

后来，我如愿考上了研究生，终于阶段性的自我实现了。但那又如何，生活的大手从不会停止踩躏任何人。依旧有很多崩溃、大哭、绝望的时刻，在那些当下，我不止一次感觉到如果我妥协了，如果我不够坚强，如果我不够努力，我可能这辈子都走不出这些困境了。于是只能再一次次努力拯救着自己和人生。

这就是生活的真实样子，我们需要不断闯关，会遇到很多心碎时刻，会经历很多喘不过气但也看不到希望的困境，会一次次被打倒。但我们不能放弃，还得蹲在地上一片片拾起破碎不堪的自己，而后再一片片拼起来。还得总结前一次的破碎经验，去把那些薄弱的地方补得更坚固，让自己拥有更强大的内心，更豁达的心态，更乐观积极的人生态度，更坚强、勇敢的品质。

这是终其一生，我们都在修炼的东西。

有人将这份修炼称之为成长，也有人将之称为人生。

◆ 十个方法：彻底释放你的情绪

微博上有个话题"有哪些你经历过社会毒打后才懂的道理"。

很多网友在下面留言，其中让我印象很深刻的一条留言是："看完大家的评论，看来并不是我一个人在被毒打，也不止我一个人在焦虑。"

成年人的世界，并无"轻松"二字可言。人间谋生，我们都不易，谁都躲不掉。如果一味压抑自己的情绪，也不利于身心健康。

今天就给大家介绍十种释放情绪的方法。

01

和自己的负面情绪聊一聊。

网上看到过一段话:"世界上嘴硬的女孩真的特别多,你问她怎么了,虽然她其实眼泪都快掉下来了,但还是说了句'没事'。"

我们都擅长逞强,也害怕别人看出自己的脆弱。

坚强没错,但我们也可以不用每次都那么坚强。

下一次情绪来袭时,偶尔允许自己脆弱,允许自己崩溃大哭一场,允许自己没那么完美,认认真真难过一场,好好发泄一次。

发泄完,清空情绪,才能轻装上路,更好地往前走。

02

早睡早起,睡够8小时。

苏芩写过一段话:"在心情最糟糕的时候仍会按时吃饭,

早睡早起,自律如昔。"

这样的人才是能扛事的人,人事再乱,打不乱你的心。人,不需要有那么多过人之处,能扛事就是才华横溢。

生活的变数太多,坚持早睡早起,这份依旧如往昔的生活秩序,能带给我们重振生活的信心。

虽在人间谋生,我们不可控的东西很多,但我们依旧能控制一些东西,比如,依旧能睡得安稳,依旧身体健康,依旧精力充沛,这些才是最可贵的存在。

03

吃一顿想吃的东西。

日剧《非自然死亡》里有一段经典对话。

一个男医生问三澄医生:"三澄医生就不会绝望吗?"

三澄医生答:"绝望?有工夫绝望的话,还不如吃点好吃的去睡觉呢。走吧,去吃肉。"

难过时,就去吃顿很想吃的美食,吃肉,吃火锅,吃烧烤……从食物中借力、让胃得到满足，内心也能得到些微舒展，会让人发自内心地觉得，人生也没什么大不了的，还有那么多好吃的东西，那么多值得的东西，困难也变得没那么难。这是美食的魅力，也是人生的快乐。

《四重奏》里有一句台词："哭着吃过饭的人，是能够走下去的。"

吃饱了，一切都是可以想办法解决的。

04

洗一个热水澡。

不管心情多糟糕，洗个热水澡，从头冲到尾，将在外沾染的灰尘清洗掉的同时，好像烦恼也被冲洗掉了。

洗完澡，换一身自己喜欢且舒服的衣裳，拉上窗帘，关掉手机，什么也别想，钻进熟悉且温暖的被窝睡上一觉。

睡醒后，肚子微饿，而饿就是痊愈的开始。

05

运动一小时。

运动的益处，真正运动过的人都懂。

心情烦闷时，就会去跑步或是做瑜伽，既可以消磨时间，又可以在奔跑的过程中将我们对生活、工作或人际的不满发泄出去。

出完一身汗，会得到由内而外的放松。以前一直没能深呼吸到底的那口气，在运动完后，也能得到一定的舒缓。

气顺了，心情也能舒畅些。

06

写日记，记录下你的心情。

时常觉得写日记是一个自救的过程，看似只是在记录每日心情，但把我们平时不方便告诉旁人的想法写下来，把当下遇到但无解的事情写下来，也是给自己一个诚实面对自我的机会。

不用依靠旁人,在写日记的过程中,我们能自己分析这次情绪波动是为什么,能自我评估这次情绪波动是否值得,会慢慢想通很多东西,达到自我和解。

难过但又无人诉说时,就去写日记,让自己治愈自己。

07

制定每日清单,并完成。

越是难过,我越是喜欢给自己制定每日清单。

既然提不起精神和兴趣去热爱生活,那就用一点人为的力量来促成自己热爱生活,制定每日清单:

坚持看书一小时;完成好要交的稿件;完成今日英语打卡;去吃很想吃的炸鸡;忙完工作去健身房运动一小时;看一部电影。

每完成一件事,就在对应的清单后面画一个勾。

当完成一天的所有计划后,看看自己清单上的一个个对勾，你一定会有满满的成就感，那种成就感，会覆盖掉我们当下的难过感。

治愈难过最有效的办法不是消除难过，而是发现另一件开心的事。

08

投入工作，做好你的工作。

看到过一句话：成年人的克制就是，再难过的时刻，手里也要敲打着键盘。

年纪小一点时，看到这句话，只觉成年人真惨，难过时还要工作；等稍长大，再回头看，才发现这句话背后的人生智慧。

难过时，还有工作等着做，也是一件幸运。

这世上绝大多数的情绪问题，都可以通过"好好工作"解决。尤其难过时，会觉日子更是难熬，此时若不给自己找点具体的事去做，是很难立刻调整情绪的。充分的工作，是情绪崩溃时我们振作的良药。

而且好好工作意味着会有稳定、持续的收入，就能吃好吃的，也可给自己买花戴买衣穿，还可以偶尔给自己一场说走就走的旅行。

世事多变化，但依旧能工作，能挣钱，能买自己想要的东西，能去自己想去的地方。如此一想，好像难过也变得不那么难以接受了。

09

跟信赖的朋友诉说。

中村恒子在《人间值得》中写到：

"最重要的是建立一种关系，你可以暴露自己的弱点，安心地互相倾诉，这是心灵治愈的关键。如果有一种人际关系能让你安心地暴露自己的脆弱之处，那么你一定会精神满满。"

如果以上方法，还是不能缓解你的难过，那就去找信任的朋友聊天。

坦诚告诉他们你当前的难过，从他们身上汲取能量渡过这次难关。

朋友的存在会让我们明白，人间谋生，不管遇到什么事，我们都不是一人。

不要怕，总有人陪我们度过漫长的黑暗。

10

学会优先考虑自己的感受。

被人讨厌也没关系，毕竟我们不可能被所有人喜欢，要有被讨厌的勇气；遇到不喜欢的人或事，能远离就尽量远离，人生那么短，要和喜欢的人一起相处；如若暂时没法远离，那就先忽略他们，学会装糊涂也是成年人必须学会的一项技能；学会拒绝自己不想做的事，良性的关系不会因为一次拒绝而变得糟糕；最重要的是，学会取悦自己，尊重自己的感受，偶尔也要优先考虑自己的感受。

让自己开心了,这一生才能活得开心啊。

很喜欢二宫和也写的一段话:

"偶尔把手放在胸前,感受一下心跳的声音,今天也有七吨血液走过了十万公里的路程。"

我们的心脏一直努力地为我们跳动着,为了让我们活下去,每天有七吨血液要走十万公里,我们身体内每天都有几千亿个细胞在为我们努力工作着。

所以朋友们,要开心啊。

◆ 为什么感觉只有我的生活平淡且乏味?

参加过一场讲座,主讲人是心理学方面的专家。讲座完毕,到了提问环节,主讲人也很随性,怕大家都拘着,遂跟大家说爱情、人生、工作方面的问题都可以问他。

有人提问主讲人:"现在很多男生和女生谈恋爱,时间一久,就容易因缺少新鲜感而面临分手,该怎么办?"

主讲人答:"我们生活的本质是平淡的,任何两个人相处久了,即便最初感觉再新鲜,也会归于平淡,这是正常的。想要保持亲密关系的新鲜感,需我们不要太习惯当下的生活,也不要太习惯自己'女朋友'这个身份,学着给自己的恋爱注入新鲜感。譬如恋爱久了,再隆重的一起约会一次,再像第一次给对方准备礼物那样,认真地给对方送一份礼物。"

爱情,本是一场心动的游戏。在时间的作用下,热烈的

Part 5
低谷中的蓄势反弹，反而会跳得更高

爱情里，我们都容易慢慢趋于平淡，更何况我们原本就很平淡的人生。日复一日，年复一年，更易感觉平淡、无味。

若不学着自己给生活增添点颜色，时间一久，很容易将生活过得如白水般寡淡，也会慢慢觉得漫长的人生，好像没什么能提起我们兴趣的东西。

但同样是一生，有人活得无趣，也有人过得有趣。

年少时以为，那些能把生活过得丰富有趣的人，是因为他们本身足够有钱有资本，是因为他们本身想法多，是因为他们的客观条件比我们好太多。当然，钱肯定算是一部分原因，都是成年人，固执说钱不重要也不太自洽。但钱并不是让我们的生活有趣、活泼的唯一条件。

普通人想给自己的生活增加点新鲜感，想让自己的生活更有趣一点，也是有方法可循的。

小而美的有趣生活，每个人都是能过上的。

我想活得像个皮球一样

01

学会装扮生活。

我经常会有这样的感觉：当在同样的书桌，同样的椅子上坐太久后，在接下来的很长一段时间，每每想到要坐回书桌写东西都会很没新鲜感，很没动力。

我后来学会的一个解决方法就是，隔一段时间，感觉自己已经熟悉这一切后，给自己买一块不一样风格的桌布，或买一盏新的台灯，或买一个可爱的小笔筒，或买一个有趣的坐垫，让那些小物件给我的生活不断注入新鲜的快乐。

又比如，我最近觉得看倦了自己的房间，很喜欢那种文艺且少女心风格的房间，于是自己在网上做功课，淘宝货比三家买毛毯，买好看且适合我坐在坐蒲上写作的小桌子，买好看的桌布，买一个可以放零食和饮料的小推车置物架，然后开始收拾房间。

虽然还是那个房间，还是那个床，但在我的一番收拾下，房间里多了一个文艺且适合我写作的小角落。这个新鲜的角落，也会让我觉得生活好美好啊。

Part 5
低谷中的蓄势反弹，反而会跳得更高

隔一段时间，给生活加入一个新鲜的物件，是让生活增加新鲜感最直接的办法。

比如男生爱游戏，那就许诺自己完成某个任务后，给自己一个很想要的鼠标，在漫长的学习、工作之余想想自己回家可以玩新鼠标就很开心；如果喜欢投影仪，那么在自己完成某项任务之后，送自己一个投影仪，提高生活质量的同时，也会让你对生活多一份期待。

不是追捧消费主义，只是我们的人生很容易平淡，所以偶尔需要为自己置办一两件我们喜欢的东西，来激起我们的兴趣。

人生需要奖励，我们是最能奖励自己的那个人。

02

学会记录生活。

不止一个朋友跟我说，他们很喜欢看我的朋友圈。很多时候看我朋友圈分享的一些小而美的东西，就会觉得生活还

我想活得像个皮球一样

是有很多美好的。

我之前也不爱发朋友圈,去年才开始正式在朋友圈营业,偶尔在朋友圈分享一下自己吃了什么,玩了什么,去什么音乐节玩了,跟谁一起遇到什么好玩的事。

也跟朋友讲过,喜欢在朋友圈分享生活,只是为了记录生活,为了在日后回头看的时候,知道在某一段日子里发生了些什么,遇到了什么好玩的事,也为了用心去发掘、感受一些生活的美好,提醒自己人生还有很多值得。

这方法挺奏效的,每隔一段时间,翻着相册的同时也在心中感慨:"原来这段时间,我的生活也是足够丰富多彩,吃得很多样,学得很努力,玩得很开心"。

甚至很多次,在我感觉生活无趣时,翻看自己的微博和朋友圈,都会觉得过去的自己还挺好玩的,发着一些有趣的感慨,玩了很多好玩的东西,吃了很多好吃的东西。

现在觉得生活无趣的我,会被朋友圈和微博记录下的那些丰富多彩的过去治愈。

会觉得哪怕当下的学习和工作一地鸡毛,但总的来看,生活不仅好玩,还有很多有趣新鲜的事。于是收起沮丧,计划着忙完这一阵，接下来要继续去玩点什么，去做点什么。

曾经记录的美好片段，不仅可以治愈我们当下的庸常，同时也在给我们面对不确定未来的力量。

03

学会给自己的生活定KPI。

很多时候，我们觉得生活沉闷、枯趣，很大一部分原因为是我们的工作、学习也在原地踏步，并未取得新的进步。

我们工作、学习上的原地踏步，投射在生活上，就成了生活的无趣、不新鲜。

所以，给生活增添新鲜感的最根本的办法就是，让自己的学习、工作上多点不一样的"气色"。

比如，准备考一个证书，工作上得到晋升，换个公司或是换个城市工作，在某个阶段学会一个技能，比如考到驾照，拿到BEC（剑桥商务英语）的合格证书等。

我始终觉得，我们的快乐和辛苦是相对的，完成一件事的过程中,你有多么的痛苦,完成这件事后,你就会有多么欢喜。

我们都爱玩游戏,不如就把自己的人生当作一场可以自己制定游戏规则的游戏,将学习、工作、考证当作一个个关卡,每通过一个关卡,就给自己一定的奖励。

如此可以推着自己的人生往前走,将游戏机制用到人生里,也可让人生充满新鲜趣味。

快乐这个东西有时并不那么纯粹,它有时需要一段不那么舒服的时光对比,才能感受到它的美妙。

04

生活的新鲜感,只能自己去赋予。

年纪小一点的时候,会觉得收拾房间、整理生活这种事情又累又麻烦,将东西一一归类,太复杂。年少时的我,也不是一个喜欢收拾房间的人,我一直觉得收拾房间这种能力是某些女孩与生俱来的天赋,但跟我无关。

Part 5
低谷中的蓄势反弹，反而会跳得更高

稍微长大一点，发现生活偶尔枯燥，发现日复一日过着相似且无味的生活，而后开始一遍遍想为什么我所向往的生活永远是别人在过。

等到有一天意识到我们终究没有随便就能拥有理想人生的魔法，等终于明白想要的生活只能自己双手创造，明白"把生活折腾成想要的样子"的意义。而后才会慢慢学会去为自己的生活赋予新鲜感。

而且，生活的新鲜感也是只能自己去赋予。

如果你想像别人那般坐在简洁大气的餐桌上，优雅地端一杯咖啡，吃着简单但看起来仪式感满满的早餐，那就自己去买好看的餐具，每天早起半小时，煮牛奶，烤面包，煎鸡蛋，煮咖啡。你也可以创造出想要的生活，只要你稍微勤快一点。

想要像别人的生活一样丰富多彩，那就该工作的时候好好工作，好好赚钱，等到放假的时候，你也能给自己一场说走就走的旅程。

想要自己的生活多点乐趣，想要自己的人生多点新鲜感，那就对生活上点心，用心好好生活。想要什么样的人生，就努力布置给自己，让自己过上那样的人生。

网上看到一段话："如果你对眼下的日子感到无聊和不满，比起逃离，我们或许更应该学习从平凡生活中感受爱、感受幸福的能力。"

若是想，我们总有办法给生活增加新鲜感的。让生活保鲜的最根本的秘诀就是：学会从平凡生活中感受爱、感受幸福的能力。

生活的本质是平淡，轰轰烈烈的时刻总是少的，就如大海，涨潮时再热闹，还是有退潮的时刻，终归还是得回归平静。我们得学会接受生活的这种平静，并从平静中发掘一些生活的小确幸。

这一生，每个人或多或少都会在某些时刻感觉生活无趣。但人生并不是感受到生活的无趣就结束了。

感受到冗杂，别急着否定生活，可以拿出一张纸，列出此刻人生最让你开心的十件事，五件事也可以，再写下做了会让自己感到开心的五件事。规划自己的生活，在接下来的空余时间，努力去体验、去做成那五件让你开心的事，并在之后的难过时刻，拿出那张写下最开心的十件事的纸看一遍。

生活的快乐与趣味,就是在这样的过程中,被我们一次次赋予的。

别再羡慕别人的生活,你得给自己一个机会,得允许自己也拥有被人羡慕的生活。

◆ 当你特别敢，特别美

什么是少女情怀？

虽"少女心""少女情怀"用到了"少女"二字，但这个词压根不是造出来给少女们用的，或者说这个词压根跟少女们没多大关系。这是这个词美好、浪漫的地方，也是它残酷的地方。

对于十八岁，正值美好少女时代的女孩们来讲，她们是感受不到少女情怀到底是个什么样的东西的，甚至在大多数的她们眼中，她们压根不明白为什么大家都说十八岁这么好。更甚她们还会纳闷，除了年轻些，十八岁有什么好的，没多少钱，也没真正实现人身自由，如果长得再普通点，性格再自卑点，那可真是糟糕的少女时代。

至少在我十八岁的时候，我是这么想的。

人嘛，总是这样的，身处最美好的年纪时，是没办法深切感受那份美好的，等年华逝去，再回首往昔，才发觉当年真好。

同样地，年轻的少女们是没办法明白"少女心""少女情怀"到底是什么的。

放眼望去，现如今喜欢把少女心挂在嘴边的，肯定不是十八岁的女孩们，她们正值美好，去玩，去疯，去哭，去笑，去闹，或暗恋，或失恋，或恋爱，哪有多余的精力去管少女心是什么。真正爱说少女心，总把少女心挂在嘴边的，都是那些少女时代早已逝去的姐姐们。

姐姐们大多已经进入社会，有养活自己的工作，终于慢慢活成十八岁时自己喜欢的样子，买得起自己想要的东西，偶尔能去自己想要去的城市旅个游，看似活得圆满，但坐在没多少自由的格子间，过着"996"的日子，看着自己被社会渐渐磨平的棱角，以及脸上细碎的岁月痕迹，偶尔会感慨青春的流逝，更希望能以某种形式留住青春。

在这种背景下，"少女心""少女情怀"开始被创造，给了每一个心里还住着小女孩，但已经不再十八的姐姐们，一个留住青春的借口。

我想活得像个皮球一样

少女心给了每个女孩一个期待：也许我早已不是十八岁了，少女时代也已不再，但我依旧拥有一颗年轻、爱生活、爱一切美好的心，如十八岁时一样，年轻且美好。

虽前面用着近乎事不关己的口吻，写着少女心大多只是少女时代早已逝去的人，给自己造的一个梦。但作为一个离十八岁已经很遥远的大姐姐，我在心里是很认可"少女心"这个词的。

至少在快节奏、高强度的工作结束后，面对或焦虑或失落的自己，我还可以用"少女心"这个词来提醒自己，你是一个从少女时代走过来的人，你也曾精力满满，对未来充满期待，对一切美好事物有着深深的热爱，你不能沮丧，你得振作。这份已经过期的少女时代，以及这种对十八岁有着深深执念的少女情怀，会给我很多要好好生活下去的动力。

既然讲到了"少女情怀"不可忽略的力量，那也顺便展开讲讲，于我而言那种能激励我的少女情怀，究竟是什么？

Part 5
低谷中的蓄势反弹，反而会跳得更高

01

对新事物的好奇感，不断拥抱新事物。

十八岁的时候，看到同学们吃了什么、玩了什么，满是羡慕，默默在心中的小本本上写着"我也要去这些地方打卡"，十八岁喜热闹，爱新鲜，热衷不断尝试；但长大后，见了很多，吃了很多，玩了很多，也慢慢拥有强大的自我意识，再看到新鲜的东西，第一眼不是想去尝试，而是脑子里会释放出一种很疲惫、很无趣的讯号，再也没了蠢蠢欲动想去尝试的念头。

这样有好，但也有不好。好在能节约很多时间，不好在于，终于要慢慢长成一个无趣的大人了，时间久了，还会觉得人生没意思。所以，每次我感受到自己对新鲜事物产生惰性，不愿接触的讯号，总会告诉自己"你十八岁的时候可不是这样无趣哦，要继续保持对世界的好奇，要不断去尝试、去拥抱新事物，如此人生才能更有趣哦"。十八岁的好奇心，也很珍贵，也值得珍藏与延续。

02

敢赤诚且毫无保留地去爱一个人。

总感觉十八岁的时候,我们随随便便都能谈一场恋爱,转角都能遇到一场爱,愿意尝试去接触一个人,也愿意打开心扉让一个人走进来。十八岁的我们,在恋爱中不仅敢付出全部,还能轰轰烈烈的失恋,不管体面与否,姿态好看与否,心动了就去爱,不开心了就去哭,总觉得那时的爱情更鲜活,更像爱情。这也是爱情本该有的样子,因为情动了,所以要去爱了。在爱情这门功课上,我们现在很多人,得向十八岁的自己学习。

03

要年轻,要美,要好看。

很多人都在二十五岁之后都慢慢长胖,因二十五岁之后我们的新陈代谢慢了,再也不能像以前那样大吃大喝后,第二天醒来上秤还瘦了，加之很多人长久坐着不运动，极易堆积脂肪。二十五岁之后，还能像少年时代那样依旧美，依旧身材好，依旧年轻，是件很不容易也很酷的事。

04

永远单纯，永远天真。

单纯和天真好像已经被当成了贬义词，是傻和无知的代名词。但坦白讲，在我心中，这两个词真的特别美好。十八岁时，我们能不功利地去努力，心怀善良美好，会讲真话，会真心的相信别人，会把当个很正直的人作为自己的人生目标，会真诚跟别人分享我们的经验，会热心地帮助他人，会相信世界是美好且充满爱的，也愿意把自己的爱分享给世界，这些都是很美好的品质。但在日渐的长大中，这些品质都会慢慢消逝，或掺杂进太多杂质。

而我们心中的少女情怀，归根到底，就是让我们不要忘了年少时单纯天真但美好的我们，要继续善良、继续正直、继续天真下去。毕竟天真的人，有人爱，值得爱，也会被世界偏爱。

归根到底，我们总爱把少女情怀挂在嘴边，其实也是为了潜移默化的提醒我们，就算在人间谋生久了，我们也不该忘记曾是少年时热烈爱人，热爱生活，努力向上的自己。

少女时代会过期，但你不能过期，你不能辜负曾经敢爱、敢冲的岁月，更不能忘记在那最美好的年少时代，生活想让我们学会的东西，包括勇敢、坚强、努力、真诚。我想，这是现如今少女情怀于我们而言最大的意义。我将少女时代的延续意义，又称之为后少女时代。

别辜负曾经年轻过，努力绽放过的自己。更别辜负现在的自己。

你曾年少过，美好过。你现在也正年轻，正美好。

◆ 希望被大家喜欢不可耻

之前有个朋友跟我说,你们写作的人,内心或多或少都有些挑剔、敏感、细腻,看人看生活的眼光是又狠又辣。

虽然大多时候我不太愿意承认,但就我自己来讲,挑剔是有一点的,敏感更多一点,细腻也是有的。而且不是我自夸,我看人还是有一定天赋的,跟大多数人相处,几个来回下来,或者因为一两件事,我就能大致感觉到对方是怎样一个品质的人。虽然我从来不在公开场合讲我这个"技能",也基本不去评价任何人。

毕竟成年人都知道,很多事可以看破,但不能说破。

所以,接下来就让"挑剔"的我来跟大家分析一下,在我们日常生活中,怎么成为一个大家对你印象都还不错的人。

01

尊重他人。

大约六年前,我就很喜欢周国平老师说的一句话:"尊重他人,亲疏随缘"。当时我正为与大学室友的关系苦恼,这句话安慰了我,一度成了我的座右铭。六年后再看这句话,依旧不过时,很实用。

人与人相处,第一步,也是最重要的一步就是:尊重对方。

所谓尊重,不是虚情假意地在每一句话面前加一句"请",而是发自内心的尊重人类社会的多样性,尊重别人的爱好,尊重别人的性格,尊重别人的生活习惯,尊重别人的决定。

不要因为别人在某件事上跟你的做法或者态度不一样,就忙着说"三观不和,玩不好"。人类社会本来就很多样,有人爱吃榴莲,有人爱吃折耳根,那些你讨厌的东西,总有人嗜之如命。

尊重别人,不只是说说而已,而是发自内心的允许和理解不同性格的人存在。

02

变得优秀。

《马男波杰克》里有一句话:"现在就凭我,我可以不需要长大成人,或者变得多成熟,因为我可以不断让自己身边,满是阿谀奉承想捧我的人,直到我英年早逝。"

想要成为一个讨喜的人,最快速的方法就是让自己成为一个很厉害的人。最好厉害到任何人都想来沾你的光,厉害到对别人来讲,你有绝对的价值,你能够帮到别人,别人也觉得你能够帮到他。

是不是觉得很现实。

人生有时就是很现实的。大家都喜欢优秀的人,就是因为优秀的人能给社会,能给企业,能给我们带来最大的价值。

当然,对于很多人来说,这一条做起来有点难,但也别急,至少它给我们的启发是,一定要努力让自己变得更好。

03

做一个努力把生活过得很美好的人。

虽然我很喜欢看漂亮小姐姐们在朋友圈发的照片,但比起这些小姐姐们,我更喜欢那些能把生活过得很美好的大姐姐们,以及那些活得很积极向上的人。

我有段时间过得很沮丧,有次看到一个很谦虚低调的姐姐的朋友圈动态,那个动态是一张她和她先生在长书桌上对着电脑处理工作的照片。她先生在高校工作,工作有点忙,她那年还在读博,也忙着写论文。晚上十一点,俩人都在认真地忙碌着。

而且那个姐姐并没有用抱怨的语气说他们在加班,而是用着很轻快的语气说着:"虽然此时已经晚上十一点,我们还在忙碌,但我和先生都在努力,朝着我们想要的生活迈进。"

我每次看到那个姐姐的生活动态,总是很受鼓舞。她总让我觉得努力是有意义的,那么优秀的他们,依旧在认真生活,在努力用自己的双手让生活变得更美好。

Part 5
低谷中的蓄势反弹，反而会跳得更高

他们让我觉得，他们不是厉害才优秀，而是因为努力才优秀的。

后来我跟这个姐姐成为好朋友，我问过她有没有遇到很为难的事。姐姐说："有，但我也一直在努力给自己做心理建设，让自己更热爱生活一点。"

我个人很喜欢这类努力生活的人，这类认真生活的人在我眼中很迷人，会让我忍不住想靠近。我也想成为像他们一样很棒的人，因为努力，然后变得优秀。

努力生活，活得积极认真专注的人，是会被大家发自内心喜欢的。

04

做一个谦虚、真诚的人。

生活中，我最讨厌一副高高在上，觉得老子最牛，非要显示自己比别人优越的那类人。

就比如，有一次我跟一个朋友聊天，聊到一个涉及人性

• • • •
我想活得像个皮球一样

伦理的八卦,朋友可能不太了解这类话题,于是直接干脆打断我的话,甩出一句"这世上每天发生那么多事,你怎么那么无聊,净关注这些内容。"让一脸懵的我忍不住反思了30秒"我是一个很低级趣味的人吗"。

之后,我停止了这个完全没必要的反思。首先,我是一个写作者,其次我是一个自媒体人,我关注最新发生的新闻,关心着新近发生的事,完全没有问题,而且这既是我的职业要求,也是我的爱好需求。

我觉得一个人没必要因为自己不关心一件事,就去打压关心这件事的其他人,觉得只有自己关心的东西才是最高级的,别人关心的东西都是低级趣味。这类自以为是真的很让人讨厌。

二十岁左右的时候,我也曾觉得自己天下最牛,最特别,最才华横溢,最酷。但后来随着认识了越来越多的优秀的人,发现他们都很谦虚,发现谦虚真的能让人学习到更多的东西。

我现在对很多人和事都抱着谦虚好学的心态,反倒进步更快,也因此认识了很多很要好的朋友。

05

主动找人沟通。

人际矛盾，很多时候都是由一件很小的事诱发的。

矛盾双方大多是一个不说，一个不问，彼此误会，彼此都以为对方讨厌自己。

所以，如果想要有良好的人际关系，尽量别做一个高冷的人。

被人误解了，直接跟对方解释，别人听不听随他；感觉别人因为自己的做法而情绪不好，也不要一门心思觉得别人气量小，既然都知道别人生气了，就跟别人解释一下自己这么做的原因；别人让你情绪不好，也可以用恰当的语言表达出来，告诉对方你们的做法让我觉得有点没考虑我的情绪。

不要觉得主动找人沟通的人是低姿态的，恰恰相反，很多时候主动跟别人沟通，都是足够自信和底气的人。

让别人愉悦，也让自己开心，这才是真正的情商。

06

多为别人考虑，给予对方帮助。

现在很多人都有个误区，提到"对别人关心体贴"，大家都会觉得这叫取悦对方，是低姿态的表现。

其实不是这样的。

人与人相处，需要彼此都为对方多考虑一点点。

比如，不故意说让对方不开心的话，不故意提让对方为难的要求，不在别人难过的时候落井下石，不在别人背后说坏话，不在对方努力学习的时候，阴阳怪气地说"你真爱学习啊"等。

当你用正面积极的态度对待身边的人，别人也会回报给你正面积极的态度。

人与人相处，你对别人的真诚，你做事的坚持，你的认真，别人都是能够看到的。

有些人看到这里可能会杠一句"有些人，你对他好，他看不到"。我的回答是，被讨厌是常态，既然遇到了，那就长个记性，回到第一点"尊重他人，亲疏随缘"。

你只管对每个人伸出你的手，做到你该做的，但并不是非要跟每个人都做朋友。

很多人在看到"怎么做一个讨喜的人"这个话题时，肯定会在心里默默反驳，我们为什么非要讨别人喜欢，我们为什么非要取悦别人。

成为一个讨喜的人，并不是让你刻意去取悦别人，而是尊重别人，是带着包容和爱去理解别人，是努力让自己活成一个坦荡、正直、美好的人的同时，让别人也觉得跟你相处舒服。

在我们努力活成自己想要样子的同时，让别人对我们也有好感，觉得我们是一个值得相处的一个人，也是一件美事。

有"希望被大家喜欢"这个念头不可耻。

我们不怕被人讨厌，也不该怕被人喜欢。更不该害怕承认"其实，我们希望别人也能喜欢自己"。

希望有一天，我们都能够坦荡地说出："对呀，我还挺希望大家能喜欢我的，但如果大家不喜欢我，那也没关系，反正我会一直喜欢自己。"

这样的人也挺酷。

◆ 偶尔坚强，偶尔也会脆弱

十八岁时，我希望自己成为一个落落大方的女孩，在任何场合都能不畏惧，不轻易为一点小事或者为一个不重要的人拨动情绪，不轻易生气，不随便情绪化。但十八岁的我没办法做到落落大方，哪怕很多时刻我假装自己不害怕，假装自己不生气，假装自己不情绪化，可我没办法骗过自己的内心：我还是不够大方，不够大格局。

我曾一度不知道那种举手投足透露出"本人一点也不在意"，敢大方说出自己的不快乐，也能打心底不介意很多琐碎事的女性是怎么修炼的。一度为之困顿。

但此刻，我能很骄傲地说，现在的我活成了十八岁时想要的样子，在生活中，我能很酷，也能温柔，能独当一面，也能跟喜欢的人撒娇卖萌，最重要的是，在很多事上，我也终于能做到落落大方了。

Part 5
低谷中的蓄势反弹，反而会跳得更高

最近总有二十岁出头的读者给我留言，他们问我如何成为一个成熟且落落大方的人。给大家分享三点建议。

01

接受"这世上并无轻松人生"这一事实。

世上不存在容易的人生，想做好任何事，都是辛苦的。

认清这一点，早日放弃想过上过分美好、轻松的人生的侥幸心理。等到下次遇到难关时，能够少掉一些抱怨，更快接受生活的同时，也能想办法去解决。这是成熟之人解决问题的方式。

越早知道"无论我们做什么事情，过程都会充满繁杂"这一人间真相，就能越快做好应对最糟糕情况的心理准备。即便真的遇到计划之外的事情，也不会过分手忙脚乱，更加不会就此乱了阵脚。

处变不惊，是落落大方的成熟人必备的技能。

当然，世事多变，没有百分之百准备好的事情，哪怕做

好最坏的准备，偶尔也会有预料之外的情况出现，也会有崩溃的时刻。

允许自己偶尔脆弱，允许自己没那么坚强，也允许自己崩溃。

只是在崩溃之后，要有站起来收拾好自己，收拾好生活的一地鸡毛的能力和勇气。

成年人的世界需要我们坚强，需要我们知道很多道理，但偶尔也允许我们脆弱。你需要很坚强，但也不一定需要那么坚强。

02

接受"我们总有爱而不得"的时刻。

大人和小孩最明显的不同是，小孩想要什么，就非得要到手，得不到会大哭、会难过、会久久无法释怀，但成年人懂得在适当的时刻放弃自己的执念。

南墙可以撞，但满怀热情地撞了一次后，我们得学会换条路重新开心出发。换条路也不是所谓的将就,也没什么好将就的,人类的情感和快乐本就是多维的,这条路能给我们的欢愉,其他的路也能给我们相同的情绪。

没必要非什么不可,我们爱的时候热烈,离开的时候也要干脆。有些快乐在这里得不到,那便去别处寻找。

无论感情、生活、学习、工作,都可以适用。

这世上总有些我们得不到的东西,过分沉迷自己的执念,只会伤身伤神,影响情绪。

我们需要学会看淡,无论生活给我们好的还是坏的,都先接下来,接下来后如果能扔,那就把我们不喜欢的东西先扔掉,轻装上阵;如果不能扔,那就想办法以轻松的姿态带着它们上路,学会苦中作乐,学会自洽。即便生活给我们的是一颗酸柠檬,我们也可以将它做成糖渍柠檬,健康又美味。

不要纠结柠檬本身,也不要纠结"难过"本身。接受我们有时没办法拥有更好的,也接受我们有时没办法得到想要的,就像接受人生有风雨,也有晴天一样,都是人生。

如果放下比拥有更轻松,那就学会放下。

03

丢掉内心深处想要依赖某人的想法。

我最近发现，只要从内心深处放弃对某个人、某件事的依赖，真正做到内心的独立，就会少去很多烦恼。

当我们不再寄希望于找到一个靠谱、优质的男友，来让自己后半生稍微轻松一点，就会少去很多恋爱的烦恼。我们自给自足，好好工作，想要去的地方也能独自去，过好自己的生活，热闹充盈，会少去很多对另一半的期待。

降低期待，是获得幸福最主要的一步。

我不需要你养我，也不需要你一定要给我买什么，如果你一定要送我什么，那就送，反正我也会回礼，如果你不送什么，我也不会失望，我自己一样能给自己买；你尊重我，你对我好，我也会尊重你，也会好好爱你，如若不行，彼此也都是独立的个体，我也从没想过下半辈子就此依赖你，我也有挣钱养活自己的能力，离开你也能活得很好，也能更干脆做决定；我不会为了一个男人完全放弃自己的人生规划，也不会因为爱情而冲昏头脑，爱上一个人就觉得这个人真的

Part 5
低谷中的蓄势反弹，反而会跳得更高

能庇护自己一辈子。这一辈子想要活得快乐、洒脱、自主，终究只能靠自己。

趁早丢掉嫁给某个人就能安稳过一辈子的想法，我们可以相信爱情，但也要有离开任何人都能好好生活，都能自己养活自己，让自己活得快乐的能力。

爱情不能拯救我们，婚姻不能拯救我们，任何人都不能。

脚踏实地的工作，努力认真的生活，时刻自我提升，才是我们终身快乐的源泉。也是一个成熟的人最该明白的一点。

当我真正成为一个成熟的大人时才明白，成熟，从来不是装出来的。

成熟是一种坦荡，是我在喜欢的时候告诉你我很喜欢，是在我觉得被冒犯，觉得不开心时，也不会勉强自己故作大度，而是跟对方说一句"我不开心，因为你做的这件事"。

成熟是不在意很多事，是我知道生活里的琐碎很多，扰心的事也很多，但在适当的时候学会装糊涂，我只把我最饱满的精神和情绪留在真正在意的那一两件事上。

成熟并不是说我们要在任何时候都能保持风轻云淡，而

我想活得像个皮球一样

是在大多时刻保持风轻云淡,在少数真正在意的事上,允许自己选择肆意,允许自己可以不那么体面,允许自己示弱,允许让别人看到自己的好胜,允许别人看到自己很在意的那一面。

在这个真心很贵的世界,成熟,其实是一种坦荡。

我接受世界有时可爱,有时讨厌的事实。

我喜欢这个世界,也喜欢自己。

我尊重别人,但也尊重自己的感受。

我承认自己偶尔坚强,偶尔脆弱,但偶尔的脆弱并不能影响我继续升级打怪。

这就是成熟。